지은이 **얀 겔(Jan Gehl, 1936~)**

건축가.
— 덴마크 왕립미술아카데미(Royal Danish Academy)
  명예교수(1966~2006).
— 겔 아키텍츠(Gehl Architects ApS) 설립 파트너(2000~2016).
— 오르후스 건축학교(Aarhus School of Architecture)
  겸임교수(2022~현재).
— 저서로는 《건물 사이의 삶(Life Between Buildings: Using Public
  Space)》, 《새로운 도시 공간(New City Spaces)》, 《새로운 도시의
  삶(New City Life)》, 《사람을 위한 도시(Cities for People)》, 《공공의
  삶을 연구하는 방법(How to Study Public Life)》 등이 있다.
— 겔 아키텍츠와 함께 코펜하겐, 멜버른, 시드니, 런던, 모스크바, 뉴욕 등
  세계 여러 도시에서 주요 도시 환경 개선 프로젝트를 수행했다.
— 호주 시드니시 명예시민.
— 에든버러대학교, 토론토대학교, 바르나대학교, 핼리팩스대학교
  명예박사.
— 덴마크, 영국, 스코틀랜드, 아일랜드, 미국, 캐나다 건축가협회,
  아일랜드 및 호주 도시계획협회, 한국도시설계학회(Urban Design
  Institute of Korea) 명예회원이다.

옮긴이 **김진우**

건국대학교 글로컬캠퍼스 디자인대학 교수.
— 미국에서 석사 과정을 밟는 동안 덴마크 인터내셔널 스터디
  프로그램(Denmark International Study Program)을 수료했다. 이
  시기에 얀 겔과 그의 책들을 만났고, 그의 작업을 한국어로 소개하고자
  번역에 도전하게 되었다.
— 논문보다 대중과 만나는 글쓰기를 지향하며, 국민총행복전환포럼, 충주
  지역 무가지 《교차로》, 계간지 《민들레》, 대한항공 기내지 《비욘드》,
  《한겨레》 등에 칼럼을 게재했거나 게재 중이다.
— 저서로는 《앉지 마세요 앉으세요(안그라픽스, 2021)》, 《걷다가 앉다가
  보다가, 다시(안그라픽스, 2022)》가 있다.
— 건강하고 즐겁게 오래오래 글 쓰며 살고 싶고, 글과 책을 통해 타인과
  엮이길 희망한다.

건물 사이의 삶
Life Between Buildings

옥외 공간에서 일어나는 작은 기적들

얀 겔 지음
김진우 옮김

건물 사이의 삶
Life Between Buildings

얀 겔 지음
김진우 옮김

옥외 공간에서 일어나는
작은 기적들

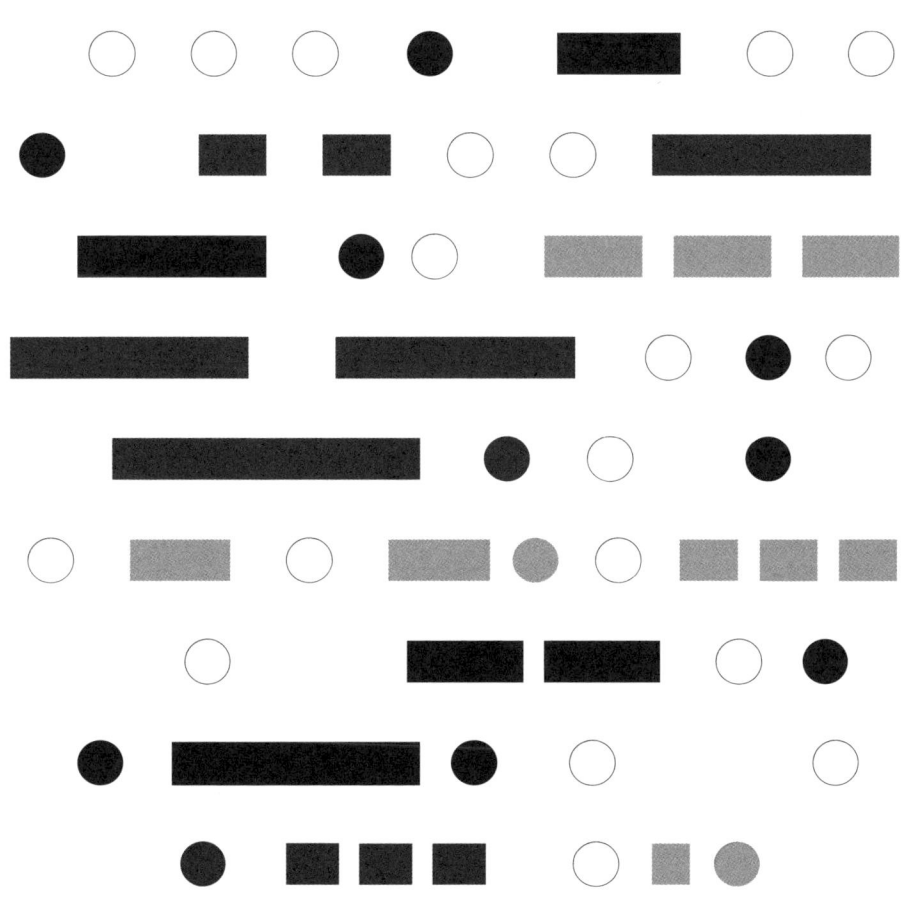

한국어판 출간에 즈음하여

이번에 《Life Between Buildings》의 한국어판을 독자 여러분께 선보이게 되어 기쁩니다.

이 책의 초판은 1970년대에 출간되었습니다. 당시 도시계획은 모더니즘의 급속한 확산과 그로 인한 한계가 뚜렷이 드러나고 있었고, 초판은 바로 그 문제를 지적하는 데서 출발했습니다. 저는 이 책에서 신도시 지역에 입주해 생활하고 일하게 될 사람들을 배려할 것을 요청했습니다. 인류 정착의 역사 속에서 늘 함께해 온 '공공공간에서의 만남'이라는 섬세한 가치를 이해해야 한다고 강조했습니다. 건물 사이의 삶이야말로 건축에서 신중히 다루어야 할 중요한 차원임을 분명히 했습니다. 도시가 활기를 띠느냐, 그렇지 않으냐는 건물의 배치, 구성, 세부 설계에 달려있습니다.

그로부터 반세기가 지났고, 수많은 건축 경향과 이념이 흘러갔습니다. 그러나 도시와 주거 공간에서 '살기 좋음'을 세심히 다뤄야 함은 여전히 중요한 과제입니다. 세계 곳곳에서 질 높은 공공공간이 활발히 이용되고, 도시와 공공공간의 품질에 관한 관심이 높아진 지금, 그 중요성은 더욱 분명해졌습니다. 사회가 변하면 옥외 공간의 모습도 달라지지만, 좋은 공공공간을 위한 원칙과 품질의 기준은 놀라울 만큼 변하지 않습니다. 이 책은 본질적으로 호모

7

사피엔스에게 바람직한 서식지를 만드는 방법에 관한 것이며, 그 요구는 시대나 문화가 달라져도 크게 변하지 않습니다.

이 책은 여러 언어로 번역되어 출간되었고 개정판을 거듭하며 발전해 왔습니다. 이번 한국어판 역시 그 발전의 선상에 있습니다. 새로운 연구와 다양한 사례를 보강했지만, 기본 메시지는 그대로입니다. 그것은 바로 "사람을 잘 돌보고, 옥외 공간에서 펼쳐지는 소중한 삶을 지키라"라는 것입니다.

오늘날 전 세계 도시들은 성장과 현대화 과정에서 거대한 변화를 겪고 있습니다. 이 책에서 제시하는 인간 중심의 계획 원칙이 한국의 변화 과정에도 영감을 주기를 기대합니다.

2025년 8월, 코펜하겐에서
얀 겔

행복한 도시 만들기

우리는 여러 나라를 여행하며 도시를 읽는다. 시간의 켜가 겹겹이 쌓인 유럽의 도시들, 혹은 아시아의 고도(古都) 속에서 우리는 역사와 문화, 그리고 사회의 구조를 이해한다. 그리고 그것들이 사람들의 삶과 긴밀히 이어져 있음을 깨닫는 순간 깊은 감동을 받는다.

최근 들어 특히 유럽의 도시 풍경은 눈에 띄게 달라지고 있다. 거리의 포장, 사인, 스트리트 퍼니처의 디자인이 정교해지고, 광장과 거리가 한층 풍요로워졌다. 사람들은 자연스레 모여들고, 그 속에서 크고 작은 이벤트가 일어난다. 오랜 시간에 걸친 꾸준한 도시 재정비와 연구, 실천의 결과다. 외부 공간, 즉 공공공간의 질을 높이기 위한 노력의 결실인 셈이다.

지난가을, 베네치아를 거쳐 피렌체를 지나 시에나에 들렀다. 한낮의 햇살이 여전히 뜨거운 캄포 광장(Piazza del Campo). 광장 높은 쪽 카페에 자리를 잡았을 때 가장 먼저 눈에 들어온 것은 부채꼴 형태의 광장을 따라 서 있는 석재 볼라드(bollard)였다. 나는 이 높고 단단한 볼라드의 특별한 기능을 얀 겔 교수의 책에서 처음 알았다.

1980년대, 이 책의 영어판을 처음 읽었을 때의 충격은 지금도 생생하다. 그때의 감동은 지금도 내게 남아, 건축을 배우는 학생들에게 이 책을 지속적으로권하게 했다.

"그저 평범한 거리, 평범한 하루. 보도를 걷는 사람들, 집 앞에서 노는 아이들, 벤치나 계단에 앉은 사람들, 길에서 인사를 나누는 이웃, 우편배달부, 자동차를 고치는 정비공들, 담소를 나누는 사람들…" 이렇듯 도시의 외부 공간에서 일어나는 일상적이거나 우연한 활동에 대한 그의 통찰은 도시디자인의 가장 본질적인 문제를 짚는다. 그것은 단순히 물리적 계획에 의해 좌우되는 것이 아니라, 인간의 신체 감각과 심리적 반응에 의해 형성된다.

이 책은 1장 '현재의 사회 상황'에서 출발하여 2장 '건물 사이에서 일어나는 활동'을 도시계획의 전제 조건으로 제시하고, 3장에서는 도시와 부지 계획의 집중과 분산, 4장에서는 '걷기 위한 공간, 머물기 위한 장소'를 만드는 세부 계획으로 이어진다. 그리고 마지막으로 '즐거운 장소와 유연한 경계'의 개념으로 귀결된다.

서두에서 얀 겔 교수는 옥외 공공장소의 활동을 세 가지로 분류한다. 필수 활동, 선택 활동, 사회적 활동. 각각은 서로 다른 물리적 환경을 필요로 하며, 장소는 이러한 활동들을 규정하고 때로는 그것을 촉발하거나 약화시키기도 한다. 그는 마지막 장에서 이렇게 말한다. "새로운 주거 지역의 건설에 적용되는 원리들은 기존 주택의 개선에도 활용할 수 있다. 고밀도의 저층 주택은 집 앞의 휴식 공간을 잘 디자인함으로써 '부드러운 경계'를 만들 수 있다. 예를 들어, 계단 근처의 거주자를 위해 출입구 주변에 작은 정원, 놀이 공간, 휴식 장소를 마련할 수 있다."

그의 제안은 공동주택 리노베이션을 통해 외부 공간, 출입구, 아파트 지상층의 생활 공간을 개선하고, 반-사적(半私的)인 앞마당과 머무는 공간을 새롭게 구성할 가능성을 보여준다. 산동네를 초고층 아파트로

대체하는 재건축과 재개발이 일상화된 오늘의 도시에서
이러한 통찰은 여전히 강한 울림을 준다.

이제 얀 겔 교수는 우리에게 묻는다. "인간을 위한
도시는 무엇인가?" 이 질문 앞에서 우리는 지금의
도시정책과 계획의 방향을 다시 생각해야 한다. 개발
논리가 우선이던 시대가 남긴 결과를 되돌아보고, 삶을
위한 도시의 미래를 다시 그려야 한다. 삶이 빠져나간
도시는 단지 물리적 땅일 뿐이다. 경제와 기술이 지배하는
비인간적인 공간 속에서 우리는 불행해진다. 서울의
도심 재개발로 형성된 블록들은 역사와 삶의 흔적을
지워버렸고, 사람을 위한 공간이 아니다. 1926년 프리츠
랑의 영화《메트로폴리스》가 묘사한 기술적 유토피아는
우리가 꿈꾸는 미래 도시의 모습이 아니다. 시간의 흐름과
인간의 흔적이 배제된 거리에서 행복은 자라지 않는다.

이 책은 그런 의미에서 행복한 도시를 만들기 위해
우리가 생각하고 실천해야 할 일을 차분하면서도
체계적으로 제시한다. 지금 우리에게 가장 부족한, 바로
그 연구와 실천의 모범이다. 여전히 이런 종류의 연구가
절실한 상황에서 이 책의 재출간은 너무 반가운 일이다.
건축, 도시설계, 조경 등 설계와 도시를 공부하거나 그
일을 하는 사람들이 필독하기를 권한다.

조성룡(조성룡도시건축[UBAC] 대표)

* 이 글은《삶을 위한 도시 디자인(푸른솔,
  2003)》에 실린 조성룡 선생님의 글을 일부
  수정한 것이다. 원서가 그러하듯, 시간이 흐른
  지금도 이 글의 메시지가 여전히 유효하다고
  판단하여, 선생님의 동의를 얻어 다시 싣는다.

1. 건물 사이의 삶
(LIFE BETWEEN BUILDINGS)

▸ 도심 속 일상 활동의 세 가지 유형
▸ 건물 사이의 삶
▸ 옥외 활동과 옥외 공간의 질
▸ 옥외 활동과 건축 경향
▸ 건물 사이의 삶−오늘날 사회적 상황에서

도심 속 일상 활동의 세 가지 유형
(Three Types Of Outdoor Activities)

**거리의 풍경을 보다
(a Street Scene)**

그저 평범한 거리, 평범한 하루. 보행자들이 인도를 따라 걸어가고, 아이들이 집 앞에서 놀며, 누군가는 벤치나 계단에 앉아 시간을 보낸다. 집배원이 우편물을 전달하고, 길에서 마주친 둘은 인사를 건네며, 정비공이 자동차를 손보는 동안, 다른 이들이 옹기종기 모여 대화를 나눈다. 이처럼 거리에서 사람들은 서로 모여 각양각색의 활동을 이어가는 중이다. 사람들의 이런 활동은 여러 외부 조건의 영향을 받는데, 그중 하나가 '물리적 환경'이다. 물리적 환경은 다양한 강도로, 그리고 다양한 모습으로 우리의 옥외 활동에 영향을 끼친다. 옥외 활동, 그리고 그것에 영향을 미치는 물리적 조건이 이 책에서 다루려는 주제다.

**도심 속 일상 활동의
세 가지 유형
(Three Types of
Outdoor Activities)**

공공공간에서 이루어지는 옥외 활동은 크게 세 가지로 나눌 수 있다. 그것들은 필수 활동, 선택 활동, 그리고 사회적 활동이며, 각 활동은 물리적 환경으로부터 각자 사뭇 다른 영향을 받는다.

**필수 활동 — 모든
조건에서 이루어지는
활동 (Necessary
Activities — Under
All Conditions)**

필수 활동은, 정도의 차이는 있지만, 기본적으로 '해야만 하는 일'이다. 때로는 '꼭 참여해야만 하는 일'이기도 하다. 예를 들어, 학교나 직장에 가는 일, 필요한 물건을 사는 일, 버스나 사람을 기다리는 일, 심부름, 우편물 배달

도심 속 일상 활동의 세 가지 유형(Three types of outdoor activities)

필수 활동

선택 활동

사회적 활동

등이 해당된다. '일상적인 업무 및 소일거리들'이라고
할 수도 있는데, '걷기'와 관련된 대부분의 활동이 이
범주에 속한다. 이 활동은 말 그대로 '피할 수 없는 일'이기
때문에, 물리적 환경의 영향을 거의 받지 않는다. 즉
날씨나 장소에 상관없이 일 년 내내 일어나며, 다소의
차이는 있지만, 외부 환경으로부터 독립적이다. 활동의
참여자에게는 선택의 여지가 없다.

**선택 활동 —
우호적인 외부
환경에서만
이루어지는 활동
(Optional Activities
— Only Under
Favorable Exterior
Conditions)**

선택 활동은 하고자 하는 마음이 있을 때, 그리고 시간과
장소가 허락될 때 이루어지는 자발적인 활동이다. 반드시
해야만 하는 필수 활동과는 뚜렷이 구분된다.
　신선한 공기를 마시기 위한 산책, 그저 거리에 선 채
삶을 즐기는 것, 또는 벤치에 앉아 있는 것, 일광욕을
하는 것 등이 이 범주에 속한다. 선택 활동은 날씨나 장소
같은 외부 조건이 괜찮을 때만 이뤄지기 때문에, 물리적
환경을 계획할 때 아주 중요하다. 옥외에서 즐길 수 있는
대부분의 취미 활동이 바로 선택 활동에 해당하기 때문에,
이런 활동들은 특히 외부 환경의 영향을 크게 받는다.

**옥외 활동과 옥외
공간의 질 (Outdoor
Activities and
Quality of Outdoor
Space)**

공간의 질이 낮으면 사람들은 꼭 해야 하는 일만 하고
금세 옥외 공간을 떠난다. 질이 높아진다고 해서 필수
활동의 빈도에 큰 차이가 나는 건 아니지만, 환경이
쾌적한 만큼 활동의 지속 시간이 늘어난다.
　한편 쾌적한 공간과 분위기는 다양한 선택 활동을
끌어낸다. 사람들은 옥외 공간에 자연스럽게 머물게 된다.
앉아 있거나, 음식을 먹거나, 유희를 즐길 수 있는 상황이
유도된다. 공공공간의 질이 낮은 거리나 도시에서는 꼭
필요한 활동만이 일어나고, 사람들은 각자의 집으로
돌아가기에 바쁘다. 반대로, 옥외 환경이 쾌적하면 그와는
전혀 다른, 풍부하고 다채로운 인간의 활동이 생겨난다.

사회적 활동
(Social Activities)

사회적 활동이란, 공공공간에서 타인의 존재를 전제로 이루어지는 모든 활동을 말한다. 아이들의 놀이, 인사와 대화, 여러 형태의 모임이나 단체 활동, 그리고 단순히 타인을 보고 그의 이야기를 듣는 수준의 수동적인 접촉까지 이에 포함된다. 사회적 활동 가운데 가장 흔한 유형이 바로 맨 마지막에 언급한 수동적 접촉이다.

사회적 활동은 주거 공간, 개인 소유의 야외 공간, 정원이나 발코니, 공공건물, 직장 등 다양한 장소에서 발생하지만, 이 책에서는 누구나 접근할 수 있는 공공공간에서 벌어지는 활동만을 다룬다.

대부분의 사회적 활동은 필수 활동이나 선택 활동과 연계되어 발생하기 때문에 "결과적 활동(resultant activities)"이라 할 수 있다. 사람들이 같은 공간에 머무르며 만나거나 스쳐 지나가고, 단지 서로의 시야에 들어오는 것만으로도, 사회적 활동은 자연스럽게 생겨난다. 필수 활동과 선택 활동이 더 나은 환경에서 이루어지면, 사회적 활동 역시 간접적으로 촉진된다.

사회적 활동의 성격은 그것이 발생하는 장소의 맥락에 따라 달라진다. 주택 단지의 거리, 학교 주변, 직장 인근처럼 공통된 관심 분야나 배경을 가진, 그리고 소수의 사람이 모여 있는 공간에서는 사회적 활동이 풍부하고 활발하게 일어난다. 서로 잘 통하는 주제에서 비롯된 대화, 혹은 별일이 없어도 자주 마주치기 때문에 가능한 인사, 잡담, 토론, 놀이 등이 사회적 활동의 대표적인 사례다.

도시의 거리와 도심에서 이뤄지는 사회적 활동은 대체로 형식적인 수준에 머문다. 대부분은 단순히 타인을 보고 듣는 정도의 수동적 접촉이다. 낯선 사람을 시각적으로 또는 청각적으로 인지하는 데 그치는 경우가 많다. 하지만, 그런 소극적 형태의 활동에도 생각보다 큰 의미가 있다.

옥외 활동과 옥외 공간의 질 (Outdoor Activities and Quality of Outdoor Space)

	물리적 환경의 질	
	열악함	양호함
필수 활동	●	●
선택 활동	·	⬤
결과적 활동 (사회적 활동)	●	●

넓게 보면, 사회적 활동은 두 사람이 함께 있는 모든 순간에 발생한다. 서로를 보고 듣고, 마주치는 행위 자체가 소중한 접촉이자 사회적 활동이다. 단순히 눈앞에 타인이 존재하고 있다는 사실이 씨앗이 되어, 사회적 활동이라는 더 풍부한 모습으로 자란다.

바로 그 이유 때문에 물리적 계획의 중요성이 강조된다. 물리적 구조물이 있다고 해서 바람직하고 심도 있는 사회적 접촉이 저절로 생기는 것은 아니다. 하지만 건축가와 기획자는 사람이 서로 만나고, 보고, 들을 수 있는 환경을 만들 수 있다. 그렇게 형성된 만남과 접촉은 그 자체로도 의미가 있지만, 더 풍부한 사회적 관계로 발전할 수 있는 토대이자 출발점이 된다. 그 점이 중요하다.

그런 이유로, 이 책에서는 사람들이 서로 만나고, 타인을 직접 보고 이야기를 들을 수 있는 기회와 그로 인한 가능성에 주목한다. 이러한 활동을 우리가 폭넓게 살펴봐야 하는 이유는 분명하다. 타인의 존재로 인해 발생하는 다양한 활동, 사건, 자극, 그리고 영감에서 비롯되는 생동감이야말로 공공공간이 반드시 품고 있어야 할 요소이기 때문이다.

길거리에서 우연히 오랜
친구를 만나 인사하는
모습. 스페인 빌바오

옥외 활동 횟수와
상호작용 빈도 간의
관계를 나타낸 도표.
사람들이 옥외에서
보내는 시간이 많아지면,
서로 마주칠 가능성이
커지고 대화의 빈도가
증가한다.(멜버른 거리
생활 연구[20], 221쪽
참고)

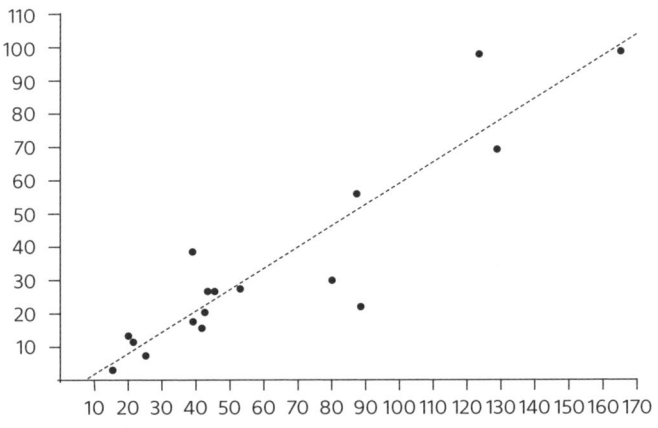

건물 사이의 삶, 그 의미 (Life Between Buildings — Defined)

이 책의 서두 부분, 즉 세 가지 범주로 나눈 옥외 활동과 거리 풍경을 다시 떠올려 보자. 우리의 삶에 필수 활동, 선택 활동, 사회적 활동이 얼마나 정교하게 얽혀 있는지 확인할 수 있다. 무수히 많은 사람이 옥외 공간에서 걷고, 앉고, 대화를 나누며 살아간다. 사람들은 상상할 수 있는 모든 조합을 동원하여 기능적, 오락적, 사회적 활동을 구성하며 살아간다. 따라서 옥외 활동에 대한 고찰은 단편적이거나 제한된 범주에 머물러서는 안 된다. 고려해야 할 건물 사이 삶의 범위는 보행이나 놀이와 오락, 사회적 활동을 넘어서야 한다. 도시와 주거지역의 공동 공간을 의미 있고 매력적으로 만드는 모든 활동을 포함해야 한다.

기능적인 필수 활동과 선택적인 오락 활동에 관한 연구는 다양한 차원에서 지난 수십 년에 걸쳐 활발히 이루어졌다. 반면, 사회적 활동이 어떻게 얽히며 공동체적 구조를 형성해 가는지에 대한 관심은 상대적으로 적었다. 그래서 이 책은 공공공간에서 이루어지는 사회적 활동에 대해 더욱 구체적이고 심층적으로 살펴볼 것이다.

소소하지만 확실한 접촉

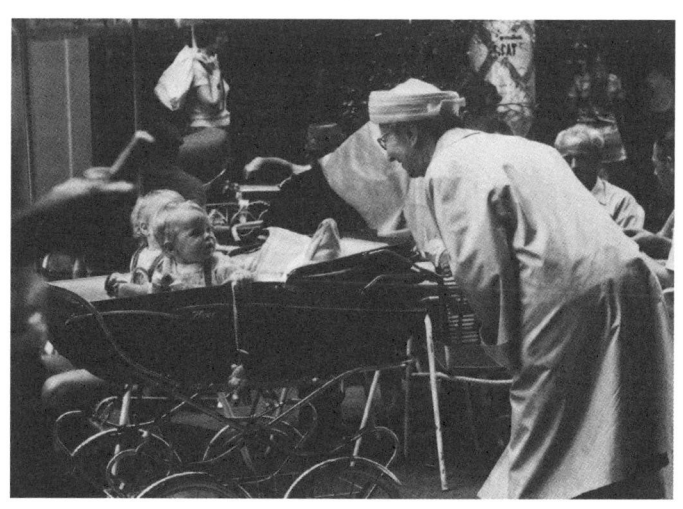

건물 사이의 삶
(Life Between Buildings)

건물 사이의 삶,
그리고 사회적 접촉의
필요성
(Life Between
Buildings — and the
Need for Contact)

건물 사이의 삶이 "사회적 접촉의 필요성(needs for contact)"과 어떤 관계에 있는지 딱 잘라 정의하기는 어렵다[14]. 만남의 기회가 공공공간에서 생긴다는 사실은 분명하다. 사람들은 타인 속에 존재하면서, 그들을 보고 듣는 등의 다양한 방법을 통해, 서로가 서로에게 어떻게 기능하는지 배운다.

'보고 듣는 접촉(see and hear contact)'은 비록 단순하고 소극적으로 보이지만, 더 복잡한 형태의 접촉으로 나아갈 수 있는 중요한 기반이 된다. 그 안에는 단순하고 가벼운 접촉부터 감정이 개입된 복합적인 관계까지 두루 존재하기 때문에 이 접촉은 매우 중요하다.

접촉의 강도가 다양하다는 전제하에, 접촉의 형태를 아래와 같이 간략히 그려볼 수 있다.

고강도 접촉	↑	친밀한 우정
		친구
		지인
		우연한 접촉
저강도 접촉		수동적 접촉 (보고 듣는 접촉, see and hear contact)

위의 표에 따르면, '건물 사이의 삶'은 주로 척도 하단에

있는 저강도 접촉으로 구성됨을 알 수 있다. 저강도
접촉이 다른 접촉들에 비해 사소해 보일 수 있다. 하지만
그 자체로 어엿한 접촉의 형식 가운데 하나인 동시에, 더
깊은 관계로 나아가기 위한 전제조건이 되므로 충분히
의미 있고 중요하다.

다른 사람을 보고, 듣고, 마주치는 수준의 저강도
접촉만으로도 아래와 같은 사회적 효과를 기대할 수 있다.

- 가볍고 소극적인 수준의 접촉
- 더 깊은 관계로 발전할 수 있는 출발점
- 이미 형성된 관계를 자연스럽게 유지할 수 있는 기반
- 외부 사회의 소식과 분위기를 접할 수 있는 창구
- 일상에 영감을 주고 감각을 깨우는 자극의 원천

벤치에 따로따로 앉아 있는 시민들. 가볍고 소극적인 수준의 접촉이지만, 더 깊은 관계로 나아가기 위한 전제조건이 된다.

접촉의 형태
(a Form of Contact)

공공공간에서 저강도 접촉이 불러올 가능성은, 오히려
그것이 사라졌을 때 잘 드러난다.

공공공간에서 인간의 활동이 사라지면 낮은 단계의
접촉도 당연히 함께 사라진다. 이렇게 되면 '혼자 있는
것'과 '함께 있는 것' 사이에 존재하는 다양한 형태의

중간 활동 역시 사라져 버린다. 고립과 접촉의 경계가
뚜렷해지고, 사람들은 혼자 있거나, 혹은 지나치게 많은
에너지를 요구하는 관계 속에 놓인다.

반면, 공공공간이 인간의 활동을 품을 수 있으면, 우리는
편안하고 부담 없는 방식으로 타인과 함께할 수 있다.
산책하거나, 귀갓길에 일부러 큰길로 우회하거나, 현관
근처에 놓인 매력적인 벤치에 앉아 사람들 사이에 머물게
된다. 일주일에 한 번 장을 보는 것이 더 실용적일지라도,
굳이 매일 쇼핑하러 외출하는 사람이 생겨난다. 창밖을
내다보는 일조차, 그 너머에 누군가가 있다면 의미
있게 다가온다. 타인과 함께 있고, 그들을 보고 듣고,
그들로부터 자극을 받는 것은 혼자 있는 것보다 분명
긍정적인 경험이다. 타인이 늘 특별한 존재일 필요는
없지만, 그래도 우리는 다양한 모습으로 타인과 함께 한다.

텔레비전이나 비디오, 영화는 타인을 수동적으로
관찰하는 수단일 뿐이지만, 공공공간에서의 경험은 우리
모두를 현장에 있게 함으로써, 비록 소극적일지라도 일정
부분 참여하게 만든다.

**다른 단계의 접촉으로
나아갈 수 있는
가능성
(a Possible Access
to Contact at Other
Levels)**

낮은 강도의 접촉은 그 자체로 일종의 활동이면서, 다른
단계의 활동으로 발전하는 매개체가 된다. 발전은 예측할
수 없고, 자발적이며, 계획되지 않은 방식으로 일어난다.
이는 아이들의 놀이 활동이 어떻게 시작되고 전개되는지
살펴보면 쉽게 알 수 있다. 생일 파티나 수업시간에
조직된 놀이 활동처럼, 어른들이 놀이를 기획해줄
때도 있다. 그러나 일반적으로 놀이는 기획의 결과가
아니다. 놀이는 아이들이 함께 있을 때, 다른 아이들이
노는 모습을 볼 때, 그저 놀고 싶은 기분이 들 때 시작될
것이라는 확신이 없어도 그저 "놀러 나가야지"라고 느낄
때 시작된다. 모든 관계 형성의 첫 번째 전제조건은

이처럼 일단 같은 공간에 함께 있는 것이다.

　함께 머무름으로써 저절로 생기는 접촉은 대개 매우 짧고 순간적이다. 이를테면 말 몇 마디의 교환, 벤치의 옆자리에 앉은 사람과의 대화, 버스에서 아이와 나누는 수다, 누군가 일하는 모습을 보고 던지는 가벼운 질문처럼 말이다. 하지만 이처럼 단순한 수준의 접촉일지라도 참여자가 원한다면 다음 단계로 발전할 수 있다. 다시 말하지만, 같은 공간에 함께 존재하는 것이야말로 그 모든 상황으로 가기 위한 전제조건이다.

다른 차원의 관계로 발전할 수 있는 시작점

위: 공원 벤치에 앉은 두 남녀.

아래: 식당 안의 한 남성과 눈이 마주친 여성이 미소를 짓는다.

이미 맺어진 인맥을 유지할 수 있는 단순한 기회 (an Uncomplicated Opportunity to Maintain Already Established Contacts)

만약 당신이 일상의 동선에서 이웃과 동료를 자주 만날 수 있다면, 당신은 이미 부담 없이 사람들과 관계를 맺고 유지할 소중한 기회를 누리고 있다. 사회적 만남은 자발적으로 형성되고, 일단 형성된 상황은 자연스럽게 발전한다. 분위기만 갖춰지면 간단한 통보만으로도 상호 방문이나 모임이 이뤄진다. 서로의 집 앞을 지나치고, 특히 거리나 집, 직장 주변에서 일상적으로 마주치는 사이에서는, 불쑥 찾아가거나, 잠시 들르거나, 내일 무엇을 함께할지 정하는 일이 어렵지 않다.

일상 활동과 관련된 잦은 접촉이 이웃과의 교류 가능성을 높여준다는 사실은 많은 조사에서 확인되었다. 잦은 접촉을 통해 구축된 우정과 인간관계는, 전화와 초대를 통해 유지되어야 하는 경우보다 덜 부담스럽다. 미리 약속을 잡아야만 만남이 가능한 관계는, 유지하기에 더 큰 노력이 필요하므로, 오래가기 어렵다. 아이들부터 모든 연령대의 성인들까지, 자신의 거주지나 일터 근처에 사는 친구, 지인과 더 자주 만나고, 더 가까이 지내는 것도 그것이 "관계를 유지하는(stay in touch)" 가장 쉬운 방법이기 때문이다.

집 근처 옥외 공간에서 만난, 각기 다른 그룹의 아이들. 일단 같은 공간에 모이게 되면 놀이는 자연스럽게 형성되어 발전한다.

자신의 집 앞마당에서 정원을 관리하는 사람들과 행인의 접촉. 낮은 단계에서의 잦은 접촉은 더 깊은 교류의 가능성을 열어준다.

사회적 맥락에 대한 정보 (Information About the Social Environment)

옥외 공간에서 타인을 관찰하고 경청하는 과정은 우리가 정보를 습득하는 기회이기도 하다. 사회가 전반적으로 어떻게 돌아가는지, 이웃이나 직장 동료는 어떤 사람인지 아는 것은 인간에게 매우 중요하다. 아이들의 사회화를 보면 앞서의 특징이 잘 드러나는데, 주변을 관찰하는 과정에서 사회성이 길러지기 때문이다. 비단 아동만이 아니라 성인들 역시, 사회적 동물로 살아가려면 주변 환경에 대한 지속적인 업데이트가 필수적이다.

우리는 대중 매체를 통해서 세상에서 일어나는 여러 거대하고 충격적인 사건을 접하고, 가까이 있는 타인과의 공존을 통해서는 삶의 평범한 디테일을 배운다. 후자 역시 전자와 마찬가지로 중요하다. 우리는 다른 사람들이 어떻게 일하는지, 행동하는지, 옷을 입는지를 관찰한다. 그러면서 직장 동료와 집 주변의 이웃을 이해하게 되고, 우리를 둘러싼 주변 세계와의 신뢰감을 형성한다. 길에서 같은 사람을 자주 마주치다 보면, 어느새 그들은 우리에게 '익숙한 얼굴', 곧 '아는 사람'이 된다.

길거리에서 서로를
관찰하는 시민들

악단의 연주를 구경하는
아이

공사 현장과 그것을
구경하는 행인들

영감의 원천 (a Source of Inspiration)	우리는 타인을 보고 들을 기회를 통해 외부 세계와 연결되어 있음을 감지하며, 자신의 행동을 돌아보고 새로운 시도를 해 볼 영감을 얻는다. 아이들은 다른 아이들이 노는 모습을 보면서 함께 놀고 싶은 마음을 갖게 되고, 또래와 어른을 관찰하면서 놀이에 대한 창의적인 아이디어를 떠올린다.
특별히 자극적인 경험 (a Uniquely Stimulating Experience)	산업화, 도시 기능의 분절, 자동차 의존과 함께 도심과 주거지에는 삭막한 풍경이 등장했다. 오늘날의 도시들은 한결같이 단조롭고 지루한 외양을 걸치고 있다. 이 결과 사람들은 또 다른 중요한 욕구, 즉 특별히 자극적인 경험의 필요성을 느낀다[14].

건물이나 기타 무생물을 경험하는 것과 비교해 보면, 말하고 살아 움직이는 사람과의 경험은 훨씬 풍부한 감각적 변주를 만들어낸다. 사람들의 삶이 서로 얽히며 스며들 때, 과거, 미래와 차별화된 특별한 현재가 출현한다. 새로운 상황과 그로 인해 생기는 자극은 사실상 무한하다. 무엇보다 이 모든 자극은 삶에서 가장 중요한 존재, 즉 '사람'과 관련된 것이다.

사람들 사이의 교류가 살아 있어 생동감 있는 도시는 늘 흥미롭다. 소소한 만남에서 나오는 인간적 경험 덕이다. 가지각색의 건물로 채워졌지만, 인간이 만들어내는 경험은 빈약하여 따분하기만 한 도시와는 뚜렷이 비교된다.

옥외 공간이 일상의 삶을 뒷받침하는 방향으로 세심하게 기획될 수 있다면, 눈길을 끌기 위해 과장되고 사치스럽게 생긴 건축물을 만들지 않아도 된다. 그 편이 경제적으로 절약이 되는 것은 물론이고, 미적으로도 덜 부담스럽다. 형형색색의 외장재, 혼란스러운 골조의 나열보다, 건물 사이에서 이뤄지는 인간의 삶이 더 흥미롭고, 더 오래 두고 볼 만한 가치를 지닌다.

파리 뉴 하우징 콤플렉스
(New Housing
Complex).

일상적인 풍경. 건물
사이의 삶은 어떤 건축적
아이디어의 조합보다 더
풍부하고 자극적이며
유익하다.

파리 레자르카데스
뒤락(Les Arcades du
Lac, 1981). 리카르도
보필의 건축물 앞에서
작업하는 인부와 그것을
흥미롭게 관찰하는
아이들

**사람을 끄는 활동
(Activity as
Attraction)**

타인과 공간을 공유하며 그들을 경험하게 되면
우리에게는 크고 작은, 다양한 기회가 주어진다. 이 사실은
공공공간에서 다른 사람들의 존재에 대한 인간의 반응을
연구한, 일련의 관찰조사로 뒷받침된다[15, 18, 24, 51].
일반적으로, 사람이 모이는 곳이면 어디든, 건물 안이든,
동네든, 도심이든, 휴식 공간이든, 사람과 사람의 활동은
타인의 관심과 흥미를 끈다.

사람은 다른 사람에게 매력을 느낀다. 우리는 타인과
함께 있고, 함께 움직이며, 가까이 머무르려 한다. 이미
진행 중인 사건 주변에서 또 다른 활동이 시작된다. 집
안에서도 아이들이, 예를 들면 장난감만 있는 공간보다,
어른이나 다른 아이들이 있는 곳을 더 선호한다. 성인들
사이에서도 비슷한 행동이 관찰된다.

삭막한 거리와 활기찬 거리 중 하나를 골라야 한다면,
대부분 활기찬 거리를 선택할 것이다. 사생활이 보장되는
뒷마당과 거리가 보이는 반-사적(半私的, semi-private)인
앞마당 중 앉을 곳을 고른다면, 사람들은 볼거리가 더
많은 앞마당을 택한다(46쪽 참조).

북유럽의 오래된 속담이 그 이유를 잘 말해 준다.
"사람은 사람이 있는 곳에 모인다(People come where
people are)."

활동과 놀이 습관 (Activities and Play Habits)

일련의 조사에서 사람들이 타인과 접촉하려는 경향이 구체적으로 나타난다. 주거지역에서 아이들의 놀이 습관을 조사한 연구[28, 39]에 따르면, 아이들은 주로 옥외 활동이 활발하거나 무언가가 일어날 가능성이 큰 장소에서 논다.

　아이들은 차나 사람이 거의 없는 뒷마당이나 햇볕이 잘 드는 다층 건물의 놀이터처럼 처음부터 놀이를 위해 조성된 공간보다, 도로변, 주차장, 주택 출입구 근처에서 더 많이 노는 경향이 있다. 단독주택 지역이든 아파트 단지든 이 경향에는 차이가 없다.

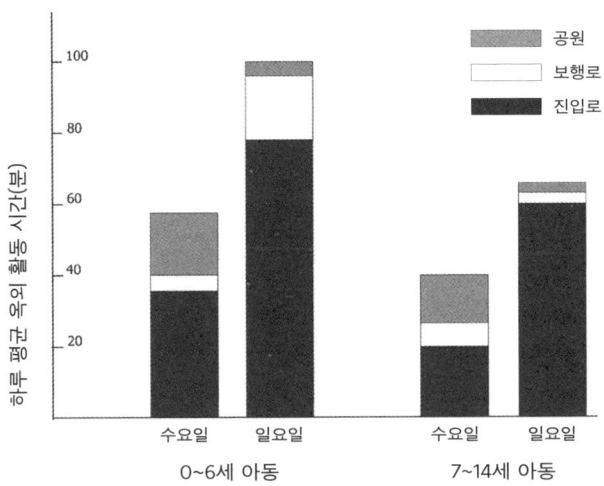

덴마크 단독주택 지역
아동 놀이 습관 조사[29]

공원
보행로
진입로

하루 평균 놀이 활동 시간(분)

| 100 |
| 80 |
| 60 |
| 40 |
| 20 |

수요일　일요일

0~6세 아동

수요일　일요일

7~14세 아동

잘 정비된 공원이나
보행자 전용도로가
마련되어 있더라도,
모든 연령대의 아이들은
대부분 집 앞 진입로
또는 그 주변에서 시간을
보내는 것으로 나타났다.

**사람들의 활동과 자리
선택 경향
(Activities
and Seating
Preferences)**

사람들이 공공공간에서 어디에 앉는지를 살펴보면, 이와
유사한 경향을 확인할 수 있다. 주변을 잘 관찰할 수
있는 벤치는 그렇지 않은 벤치보다 활용도가 훨씬 높다.
건축가 존 라일(John Lyle)이 조사한 코펜하겐의 티볼리
공원(Tivoli Garden) 연구[36]에 따르면, 사람들이 가장
많이 사용한 벤치는 공원의 주요 통로를 따라 배치되어
보행자의 활동을 조망할 수 있는 곳에 있었다. 반대로,
공원 안쪽의 한적한 곳에 놓인 벤치는 거의 사용되지

길거리 카페에 앉아
행인을 바라보는 사람들

전 세계 어디에서나
길거리 카페의 의자는
거리의 풍경을 향해 놓여
있다. 노르웨이 오슬로의
중심가, 칼 요한 거리의
모습

벤치에 거꾸로 앉아 있는
사람들. 벤치가 사람의
활동을 바라보지 않으면,
아예 사용되지 않거나
예상치 못한 방식으로
이용된다.

않았다. 한 쌍의 벤치들을 등을 맞대고 배치하는 경우가 종종 있다. 이 때 하나는 길 쪽을 향하고, 다른 하나는 '등을 돌린' 상태다. 이럴 때는 언제나 길을 향한 벤치가 사용된다.

코펜하겐 중심부 여러 광장을 대상으로 한 조사에서도 같은 결과가 나왔다. 보행자 통행이 잦은 길 쪽을 향한 벤치가 가장 많이 사용되었고, 광장 안쪽 녹지 공간을 향한 벤치는 상대적으로 덜 사용되었다[15, 18, 27].

길거리 카페도 마찬가지다. 카페 앞 인도에서 벌어지는 일상이야말로 가장 큰 볼거리다. 전 세계 거의 모든 카페의 의자는 예외 없이 주변에서 가장 활발한 공간을 향하고 있다. 보행자 도로는, 어찌 보면 당연하게도, 카페가 길거리에 자리 잡는 이유 그 자체다.

보행자 거리에서 사람을 끌어들이는 요소 (Attractions on a Pedestrian Street)

타인을 보고, 듣고, 만날 기회는 도시 중심부와 보행자 거리가 가진 가장 큰 매력이다. 이것은 덴마크 왕립미술원(Royal Danish Academy of Fine Arts) 건축학부(School of Architecture)의 한 연구팀이 코펜하겐 도심의 주요 보행자 거리인 스트뢰에(Strøget)에서 수행한 '매력 요소 분석(attraction analysis)'을 통해 확인된다[15, 18]. 이 조사는 보행자가 어디에 멈췄는지, 그리고 무엇을 보기 위해 멈췄는지를 보여준다.

은행, 사무실, 쇼룸, 혹은 예를 들어 현금 지급기, 사무용 가구, 도자기, 헤어 롤처럼 단조로운 전시물이 있는 곳에서는 발걸음을 멈추는 사람이 거의 없었다. 반대로 신문 가판대, 사진 전시, 영화관 외벽의 스틸 사진, 의류 판매장, 장난감 가게처럼 타인이나 주변 환경과 직접적인 관련이 있는 상점과 전시물 앞에서는 많은 사람이 멈춰 섰다.

거리 공간 자체에서 벌어지는 다양한 인간 활동에는

REG: M. 1.
DAG: M. 23.7.68, KL. 12⁰⁰
VEJR: SMUKT, 20°C.
STÅENDE: 429 PERS.
SIDDENDE: 324 PERS.
IALT: 753 PERS.

7월 어느 화요일 정오, 코펜하겐 주요 보행자 거리 중앙 구간에 서 있거나 앉아 있는 사람의 기록. 점으로 표시된 곳이 사람이 멈춘 장소다[18].

훨씬 더 큰 관심이 쏠렸다. 이처럼 사람의 주요 관심사는, 모든 형태의 '인간 활동'이었다.

놀고 있는 아이들, 사진관에서 막 나온 신혼부부, 혹은 그저 스쳐 지나가는 사람들처럼 거리에서 벌어지는 평범하고 일상적인 장면뿐 아니라, 이젤을 세운 화가, 기타를 연주하는 거리의 음악가, 작업 중인 예술가, 그리고 그 밖의 크고 작은 비일상적인 장면에도 사람들의 시선이 쏠리고 있음이 뚜렷하게 관찰되었다.

연구 결과, 특정 구역의 핵심적 매력은 사람의 활동에서 나온다는 사실이 분명했다. 즉 다른 사람의 행동을 관찰할 수 있다면, 그 장소는 확실히 우리에게 매력적으로 느껴진다.

길거리 화가의 작업은 인파를 끌어모은다. 하지만 화가가 떠나면 보행자들은 아무렇지 않게 그림 위를 지나간다. 음악도 마찬가지다. 음반 가게 앞 스피커에서 흘러나오는 음악에는 거의 반응하지 않지만, 거리에서 실제로 누군가의 연주나 노래가 시작되면 사람들은 즉각 관심을 보인다.

사람과 인간 활동에 대한 이와 같은 관심은 어느 백화점 확장 공사에서도 관찰되었다. 기초를 다지고 콘크리트를 붓는 동안, 보행자 거리 쪽을 향한 두 개의 출입문을 통해 공사 현장을 볼 수 있었는데, 이 기간에 공사 현장을 아무도 은행이나 고급 쇼룸 앞에서는 걸음을 멈추지 않는다. 많은 사람이 아이들의 장난감, 사진, 그리고 자신의 삶, 혹은 타인과 직접 관련된 물건을 보기 위해 멈춘다. 사람들이 가장 오래, 자주 멈추는 경우는 타인과 그들이 벌이는 일을 바라볼 때다.

구경하기 위해 멈춰 선 사람의 수는, 백화점에 설치된 총 열다섯 개의 쇼윈도 앞에서 멈춘 사람 수를 모두 합친 것보다 많았다. 관심의 대상은 공사 자체가 아니라, 그 안에서 일하는 인부들과 그들이 하는 일이었다. 이는 점심시간이나 작업 종료 후처럼 현장에 작업자가 없을 때는 아무도 멈춰 서지 않았다는 점에서 분명히 드러난다.

건물 사이의 삶, 도시를 매력적으로 만드는 가장 중요한 요소 중 하나 (Life Between Buildings — one of the Most Important City Attractions)

이와 같은 관찰과 조사를 종합해 보면, 공공공간에서 사람들의 가장 큰 관심은 사람과 그들의 활동이다. 타인을 보고, 듣고, 가까이 있는 것과 같은 아주 소소한 수준의 접촉조차도, 도시나 주거지의 공공공간에서 제공되는 다른 요소보다 더 큰 만족감을 주며, 사람들은 이 같은 접촉을 늘 더 많이 필요로 한다. 건물 안에서의 삶이든, 건물 사이 옥외 공간에서 이루어지는 삶이든, 그것은 거의 모든 경우에 공간이나 건물 그 자체보다 훨씬 본질적이고 중요하다.

옥외 활동과 옥외 공간의 질
(Outdoor Activities And Quality Of Outdoor Space)

**건물 사이의 삶 —
도시 계획의 관점에서
(Life Between
Buildings —
a Planning
Dimension)**

우리가 이 시점에서 건물 사이의 삶을 논의하는 이유는, 그 범위와 성격이 도시의 물리적 계획에 의해 크게 좌우되기 때문이다. 특정한 질료와 색깔을 선택해 도시를 나름의 개성으로 물들일 수 있는 것처럼, 도시계획만으로도 도시를 활기찬, 또는 삭막한 스타일로 바꿀 수 있다. 계획 단계에서 내려지는 결정에 의해 옥외 활동을 위한 조건은 개선되거나 악화되고, 사람들은 활동 양식을 변화시킨다.

이에 대한 숱한 가능성이 있지만, 두 가지 극과 극을 상상해 보자. 한쪽 극단은 고층 건물이 줄지어 있고, 지하에는 주차장이 자리하며, 자동차 교통량이 많고, 건물과 기능(상점, 일터, 여가 공간 등) 간의 거리가 멀리 떨어져 있는 도시다. 이러한 형태는 북미의 여러 도시, 소위 '근대화된' 유럽의 도시, 그리고 많은 교외 주거지에서 찾아볼 수 있다. 이런 곳에서는 건물과 자동차는 눈에 띄지만, 사람은 보이지 않는다. 보행자의 통행이 거의 불가능하고, 건물 주변 공공공간에 머무르기에는 환경 조건이 매우 열악하다. 건물 밖 공간은 광막하고 비인간적이다. 자연환경과 도시계획 간의 괴리가 커 옥외 공간에서 경험할 만한 것이 거의 없다. 그나마 생길 만한 약간의 활동조차도 시공간으로 흩어져

더는 확장되지 않는다. 이런 환경에서는 주민 대부분이
실내에서 시간을 보내며, 텔레비전 앞, 발코니, 혹은 이와
유사한 개인화된 옥외 공간에 머문다.

　다른 한쪽 극단은 다음과 같은 도시다. 건물이 비교적
낮고, 서로 가까이 배치되어 있으며, 보행자 통행을 위한
도로가 잘 갖춰져 있고, 주거지, 공공건물, 일터 주변에
머무르기 좋은 옥외 공간이 마련되어 있는 도시이다.
옥외 공간이 이용하기 편리하고 매력적으로 조성되어
있으므로 오가는 사람들이 건물 근처에서 발길을 멈춘다.
이런 도시가 바로 '살아 있는 도시'다. 실내 공간에 더해
쓸모 있는 옥외 공간이 마련될 때, 공공공간은 비로소 제
기능을 다할 수 있다.

이미 언급했듯이, 옥외 공간의 질에 영향을 받는 활동은
선택적이고 오락적인 활동이며, 상당수의 사회적 활동도
이에 포함된다. 환경 조건이 나쁘면 활동은 사라지고,
조건이 좋으면 활기를 띤다.

보행자 전용 거리와 차량 통제 구역의 건설 전후를
비교하면, 도시 환경의 질 개선이 사람들의 활동에 미치는
영향력이 확연히 드러난다. 물리적 환경 개선의 결과로
보행자의 수는 눈에 띄게 늘어났고, 옥외에서 머무는
시간은 길어졌으며, 활동의 종류 역시 다양해졌다. 유사한
사례는 무척 많다.

1986년 봄과 여름 동안 실시된 조사에 따르면,
1968년부터 1986년 사이 코펜하겐 도심의 보행자
거리와 광장 수는 세 배로 증가했다. 이러한 물리적
환경의 개선과 함께, 도심에 서 있거나 앉아 있는 사람의
수가 세 배로 늘었다. 1995년에 진행된 후속 조사에서도
공공공간에서의 활동은 꾸준히 증가한 것으로 나타났다.

두 도시가 물리적으로 인접해 있더라도 옥외 활동을
위한 조건이 서로 다르면, 활동 양상에는 큰 차이가 난다.
이탈리아의 예를 보면, 보행자 거리와 차 없는 광장이
있는 도시의 옥외 활동은 기후가 같은 인근 자동차 중심
도시보다 훨씬 활발하다.

1978년, 멜버른 대학교(University of Melbourne)와
왕립 멜버른 기술대학교(Royal Melbourne Institute of
Technology) 건축학과 학생들이 호주의 시드니(Sydney),
멜버른(Melbourne), 에델레이드(Adelaide)를 대상으로
벌인 조사에서도, 거리 환경의 질과 거리에서 벌어지는
활동 사이에 직접적인 상관관계가 있음이 확인됐다.
또한, 멜버른 도심의 보행자 거리에서 의자의 수를 100%
늘리는 실험을 했더니 의자에 앉아 머무는 활동이 88%나
증가하는 결과가 나타났다.

코펜하겐 시내에서 이루어진 질적 향상은 곧바로 공공공간 이용 증가로 이어졌다. 거리 환경이 개선되면서, 말 그대로 훨씬 다양한 인간 활동이 가능해졌다. 인구는 늘지 않았지만, 공공장소를 사용하려는 관심은 수동적이든 능동적이든 확실히 증가했다.

1968년, 1986년, 1995년 여름철, 정오부터 오후 4시 사이 코펜하겐 도심 전체에서 '머무는 활동(stationary activities)'을 하는 사람들의 평균 인원수

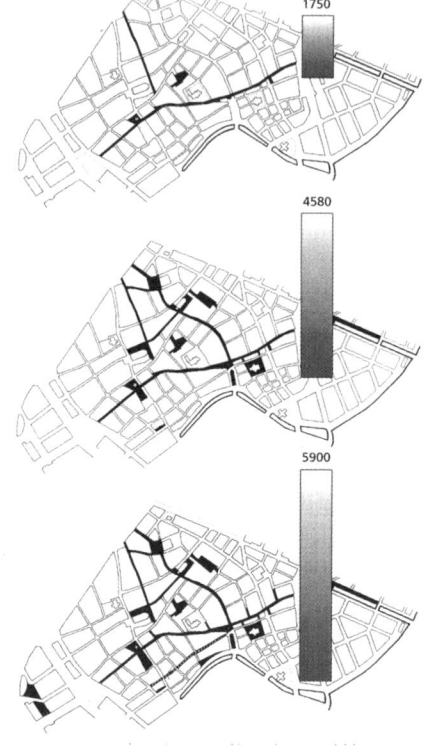

1968년:
보행자 거리 20,500㎡
활동 당 12.4㎡

1986년:
보행자 거리 55,000㎡
활동 당 14.2㎡

1995년:
보행자 거리 71,000㎡
활동 당 13.9㎡

덴마크 헬싱외르의 비에르가데 거리(Bjerggade, Helsingør), 차량 통행이 중단되기 전후의 보행자 통행량 변화[17]

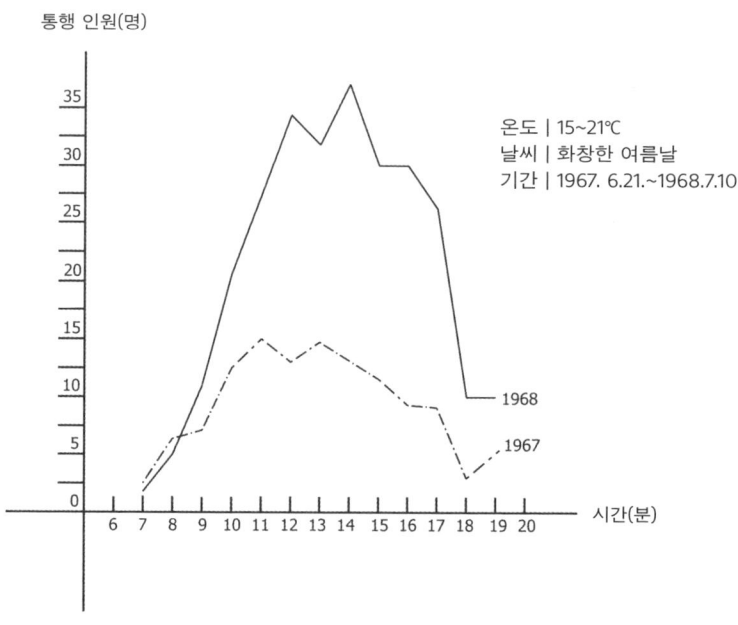

온도 | 15~21℃
날씨 | 화창한 여름날
기간 | 1967. 6.21.~1968.7.10.

42

윌리엄 화이트(William H. Whyte)는 그의 저서 《도시의 작은 공간이 만들어내는 사회적 풍경(역자 의역. 원제 The Social Life of Small Urban Spaces)》[51]에서, 도시 공간의 질과 도시 활동 간의 밀접한 관계를 설명했다. 그는 비교적 단순한 물리적 변화만으로도 도시 공간의 활용도가 눈에 띄게 향상될 수 있음을 보여주었다.

이와 유사한 결과는 '공공공간 프로젝트(Project for Public Spaces, 1975년 미국 뉴욕에서 설립된 비영리 도시 디자인 및 연구 기관, 역자 주)'가 뉴욕을 비롯한 미국 여러 도시에서 진행한 다양한 개선 사업에서도 확인되었다. 유럽과 미국의 주거 단지에서도, 교통량을 줄이고 안마당을 정비하거나 공원을 조성하는 등 비교적 작은 규모의 옥외 환경 개선만으로도 긍정적인 변화가 나타났다.

뉴욕의 한 업무용 빌딩 출입 공간의 질적 개선 전후 모습. 하얀 점이 사람들의 활동을 나타낸다(공공공간 프로젝트, 뉴욕, 1976[42]).

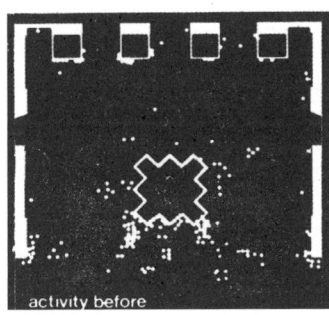
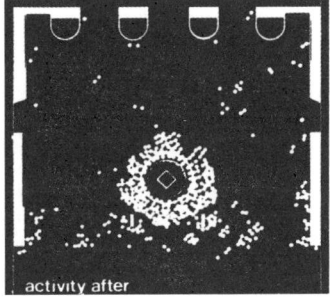

옥외 활동과 공간 환경의 질 저하 (Outdoor Activities and Quality Deterioration)

한편, 주거지 거리의 질적 저하가 옥외 활동에 미치는 영향은, 1970~71년 애플야드(Appleyard)와 린텔(Lintell)이 샌프란시스코의 나란한 거리 세 곳을 대상으로 수행한 유명한 연구에서 입증되었다.

이 연구는 한때 교통량이 적었던 거리 세 곳이, 차량 통행 증가에 따라 어떻게 극적으로 변했는지를 보여준다. 하루 차량 통행량이 여전히 2,000대에 불과한 거리에서는 다양한 옥외 활동이 활발했다. 아이들은 보도와 골목에서 뛰어놀았고, 현관 입구와 계단은 잠시 머무를 수 있는 공간으로 널리 쓰였으며, 이웃 간 교류도 자연스러웠다. 그러나 하루 16,000대 수준으로 교통량이 늘어난 곳에서는, 이웃 간 접촉을 포함한 대부분의 옥외 활동이 사실상 사라졌다. 하루 약 8,000대의 차량이 오가는 거리에서도 이웃 간 교류를 비롯한 옥외 활동이 뚜렷하게 줄어들었다. 이는 옥외 환경의 질이 조금만 나빠져도, 인간의 일상과 사회적 삶에 치명적인 영향을 미칠 수 있음을 강하게 시사한다.

나란히 놓인 샌프란시스코의 거리 세 곳을 대상으로, 옥외 활동의 발생 빈도를 점으로, 친구나 지인 간 접촉을 선으로 기록한 도표. 애플야드 & 린텔, 《도시 거리 환경적 질(The Environmental Quality of City Streets)》[4]

위: 교통량이 적은 거리

가운데: 중간 정도의 교통량이 있는 거리

아래: 교통량이 많은 거리. 옥외 활동이 거의 없으며, 주민들 간의 우정이나 관계 맺기가 매우 드물게 일어난다.

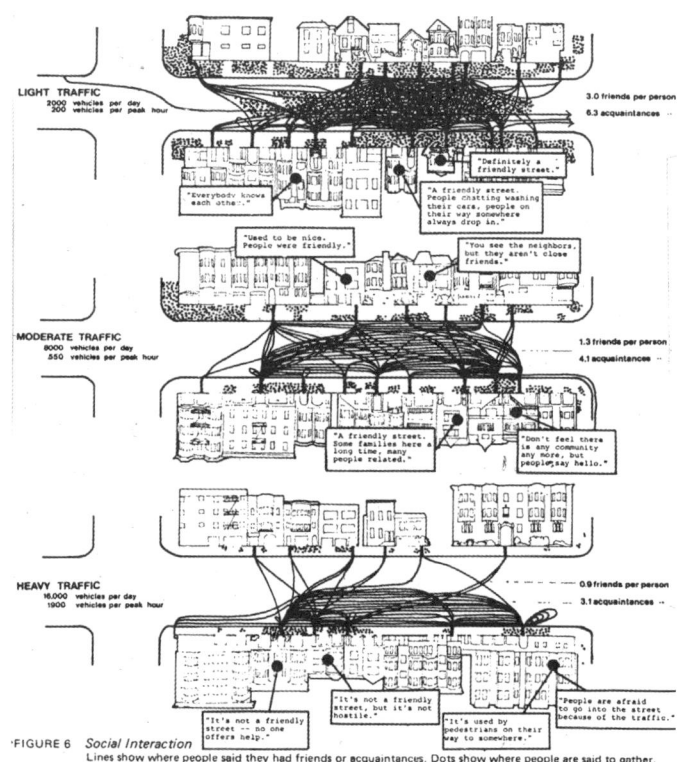

FIGURE 6 Social Interaction
Lines show where people said they had friends or acquaintances. Dots show where people are said to gather.

활동의 수, 지속 시간, 그리고 활동의 종류 (How Many, How Long, and Which Activity)

종합해서 얘기하면, 옥외 공간의 질과 옥외 활동 사이에는 분명하고 긴밀한 관계가 있다. 공공공간에서 발생하는 활동의 양상은, 그 공간이 어떻게 설계되고 만들어졌는지에 따라 일정 부분 좌우된다. 지역, 기후, 사회성이라는 제약조건이 있긴 하지만, 공간의 설계는 얼마나 많은 사람의 활동과 이벤트가 공공공간에서 일어나는지, 개인의 활동이 얼마나 지속되는지, 그리고 활동의 종류가 어떻게 구성되는지에 영향을 미친다.

잠재된 가능성을 열다 (Freeing the Restricted Possibilities)

공간의 질이 향상되면 그전에는 보이지 않던 옥외 활동이 눈에 띄게 증가한다. 특정 지역, 특정 시점의 모습만으로, 옥외 활동에 대한 실제 욕구를 정확히 파악하기는 어렵다. 욕구가 제대로 드러나지 않을 수 있다는 뜻이다. 사회적, 오락적 활동을 북돋우는 적절한 물리적 환경이 만들어지면 그동안 억눌려 있었던 잠재된 욕구가 비로소 표면으로 드러난다.

1962년, 북유럽 최초로 코펜하겐의 주요 거리가 보행자 거리로 전환되었을 때, 비평가들은 "옥외 활동은 북유럽의 전통과 맞지 않는다"라고 말하며, 곧 거리가 텅텅 비게 될 것이라고 우려했다.

오늘날, 이 주요 보행자 거리와 이후 단계적으로 확장된 보행자 거리에는 걷고, 앉고, 공연을 관람하고, 곡을 연주하며, 대화를 나누는 사람들로 가득 차 있다.

초기의 우려는 기우였다. 과거 코펜하겐의 옥외 활동이 제한적이었던 이유는 사람들이 원하지 않아서가 아니라, 그러한 활동을 가능하게 하는 물리적 환경이 존재하지 않았기 때문이었다.

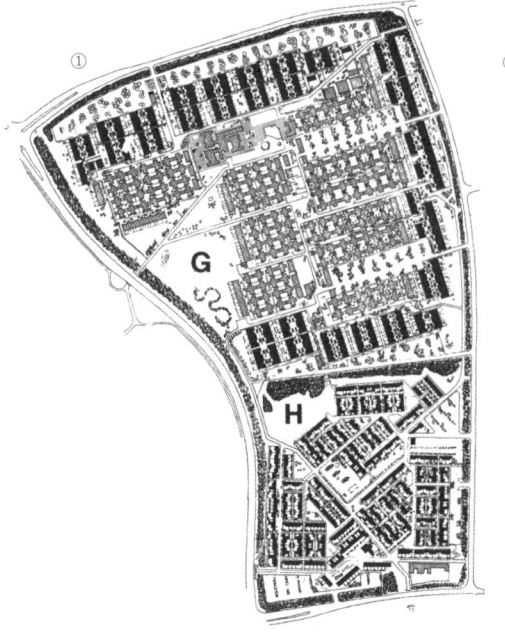

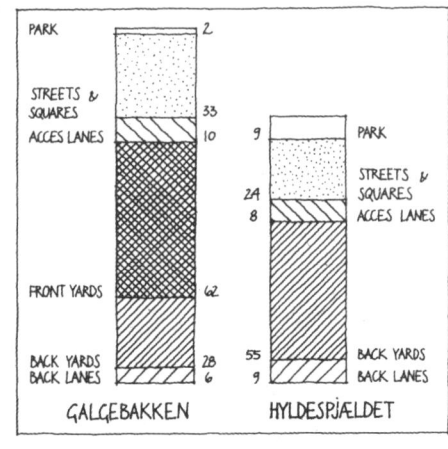

	GALGEBAKKEN			HYLDESPJÆLDET
PARK	2		9	PARK
STREETS & SQUARES	33		24	STREETS & SQUARES
ACCES LANES	10		8	ACCES LANES
FRONT YARDS	62			
BACK YARDS	28		55	BACK YARDS
BACK LANES	6		9	BACK LANES

① 코펜하겐 남쪽, 서로 인접한
두 주거지역의 평면도. 두 곳
모두 1973년부터 1975년 사이에
지어졌으며, 유사한 사회적 배경을
가진 주민들이 거주한다.
북쪽의 갈게바켄(Galgebakken,
G지역)은 아래쪽에 위치한
휠데스피엘데트(Hyldespjældet,
H지역)에 비해 옥외 공간이 훨씬
정교하게 설계되었다. G지역의 모든
주택에는 개인용 뒷마당뿐만 아니라
반~사적인 앞마당이 마련되어 있지만,
H지역의 주택은 뒷마당만 갖추고 있다.

② 갈게바켄과 휠데스피엘데트의 야외
활동 빈도 그래프. 1980년과 1981년
여름철 토요일에 두 지역의 옥외
활동을 조사한 결과, G지역에서의 활동
빈도가 H지역보다 35% 더 높았다.
G지역 앞마당에서 이루어진 활동이 그
차이를 만들어낸 주요 원인이었다.

③ 앞마당이 있는 G 지역 진입로

④ 마당이 없는 H 지역의 진입로

옥외 활동과 건축 경향
(Outdoor Activities And Architectural Trends)

**건물 사이의
삶과 도시계획의
이데올로기 (Life
Between Buildings
— and Urban
Planning Ideology)**

앞선 장에서 건물 사이의 삶의 여러 긍정적인 영향을
살펴보았고, 물리적 환경이 옥외 활동의 범위와 성격에
영향을 준다는 것을 확인했다. 이제 우리는 범위를
확장하여, 다양한 시기의 도시계획 원칙과 건축 경향이
사람들의 옥외 활동, 나아가 사회적 옥외 활동에 어떤
영향을 미쳤는지 살펴보도록 하자.

유럽에는 많은 역사적 도시가 오늘날까지 잘 보존되어
있다. 모든 시기의 도시를 거의 다 찾아볼 수 있으며
해당되는 연대도 수천 년에 이른다. 자연발생적인 것이든,
계획적으로 조성된 것이든 중세 도시만 해도 이미 숱하게
남아 있다. 르네상스와 바로크 시대의 도시, 산업화 초기
단계의 도시, 낭만주의에 영향을 받은 정원 도시는 물론,
최근 50년간 자동차 중심으로 설계된 기능주의 도시들이
공존한다. 사람들이 여전히 이들 도시에 거주하며 도시를
이용하고 있기에, 오늘날 우리는 하나의 통일된 기준으로
다양한 시기의 도시 공간 구조를 비교하고 평가할 수 있다.

도시의 형태적인 측면, 특히 미술사적 관점에서
보면, 도시 모델들 사이에 큰 차이가 존재하는 것처럼
보인다. 그러나 옥외 활동과 도시계획 이데올로기라는
관점에서 보면, 근본적인 변화는 단 두 차례뿐이다. 하나는
르네상스, 그리고 또 하나는 근대 기능주의 운동이다.

오늘날 우리가 알고 있는 '전문가에 의한 도시계획', 즉 전문가들이 도시를 도면과 모형 위에서 설계하고, 이를 완성된 형태로 사용자에게 제공하는 방식은 르네상스 시대로부터 기원을 찾을 수 있다. 물론 고대 그리스와 로마의 여러 도시에서 확인되듯, 도시계획과 계획가들은 그 이전에도 존재했다. 그러나 중세 후기에 조성된 일부 식민지 도시를 제외하면, 약 서기 500년부터 1500년 사이에 성장한 도시 대부분은 진정한 의미에서 '계획된 도시'라고 보기 어렵다.

당시의 도시는 사전에 수립된 계획에 따라 한 번에 만들어진 것이 아니라, 수 세기에 걸친 느리고 점진적인 과정을 통해 형성되었다는 점이 중요하다. 이런 특징 덕분에, 도시의 변화에 맞춰 물리적 환경을 조정하고 조화롭게 적응시킬 수 있었다. 도시는 그 자체가 목적이 아니라 사용을 통해 형성된 하나의 도구였다.

이처럼 수많은 경험의 축적을 바탕으로 이루어진 과정의 결과물이 바로, 오늘날까지도 '건물 사이의 삶'이 활발히 일어나는 훌륭한 도시다.

많은 중세 도시들과 자생적으로 형성된 소도시들이 오늘날에도 관광지로서, 연구 대상으로서, 그리고 사람들이 살고 싶어 하는 주거지로서 큰 인기를 얻고 있는 이유는 바로 이러한 특징 때문이다. 오랜 시간에 걸쳐 진화해 온 덕분에, 이후 시대의 도시에서는 찾아보기 어려운 고유한 특질을 지닌다. 중세 도시를 보면, 사람들이 걷고 머무는 활동을 중심으로 거리와 광장이 배치되어 있다. 이는 도시를 만든 이들이 계획의 기본 원리를 통찰하고 있었음을 방증한다.

그중에서도 시에나의 캄포 광장(Piazza del Campo)은 특히 뛰어난 사례다. 햇빛과 기후를 고려한 배치, 포근하게 감싸는 형태의 공간 구성, 그리고 정교하게 배치된

분수와 볼라드(bollard. 말뚝형 구조물)까지, 이 광장은 그 당시에도, 그리고 지금도 시민을 위한 만남의 장소이자 공공의 거실로서 이상적인 역할을 하고 있다.

잘 보존된 독일 남부 중세 도시, 로텐부르크 오프 데어 타우버(Rothenburg ob der Tauber).
유럽 전역에 걸친, 중세 도시의 고유한 공간 구조와 적절한 규모는, 도시의 옥외 활동을 담아내기에 이상적인 조건이었다. 후대에 세워진 도시 공간은 이에 반해 그다지 만족스럽지 못한데, 일반적으로 너무 크고, 지나치게 넓으며, 직선적인 형태이기 때문이다.

이탈리아 남부 아풀리아 지역의 마르티나 프랑카(Martina Franca).
자연스럽게 형성된 구시가지와 계획적으로 조성된 신시가지의 차이가 명확하게 보인다. 인간의 척도를 고려한 섬세한 감각은 중세 도시의 소중한 특징으로, 전문가가 설계한 현대의 도시 공간에서는 좀처럼 찾아보기 어려운 것이기도 하다.

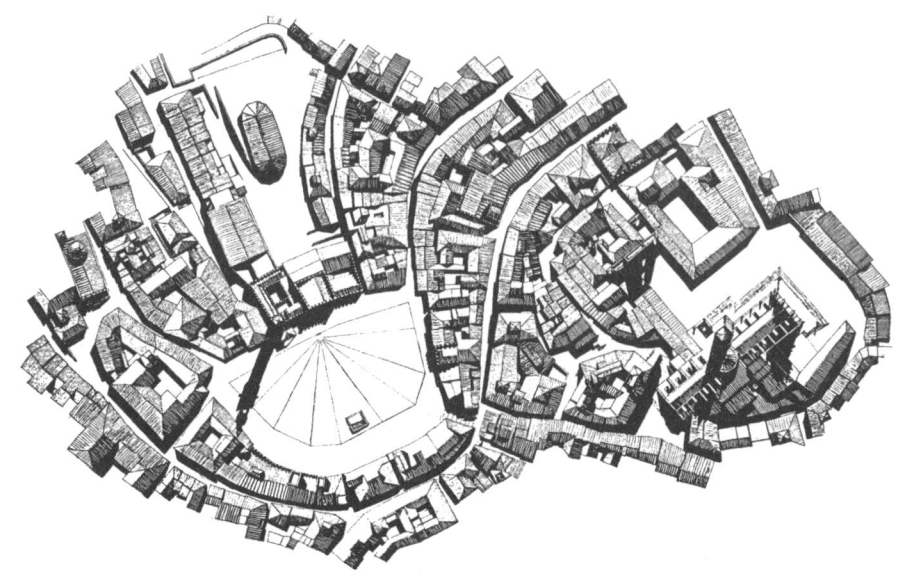

이탈리아 시에나시의 도심 평면도

시에나시 중심의 캄포
광장의 모습

중세 이후, 도시계획의 기초가 근본적으로 바뀐 것은
두 차례였다. 첫 번째 급진적인 변화는 르네상스 시대에
일어났다. 이는 자연발생적으로 형성된 도시에서 계획된
도시로의 전환과 직결된다. 이 시기에 전문적인 도시
설계자 집단이 등장해, 도시를 어떻게 만들어야 하는지에
대한 이론과 개념을 발전시켰다. 이전까지 도시는
실용적 도구였지만, 르네상스에 들어서면서 통합적으로
구상되고, 인식되고, 실현되는 하나의 예술작품으로
간주되기 시작했다. 옥외 공간이나 그 안에서 이루어지는
활동과 기능 대신, 공간이 주는 시각적 효과, 건물 그
자체의 형태, 그리고 이를 창조한 건축가(예술가)의
의도가 설계의 주요 관심사가 되었다. 이 시기 도시설계와
건축에서 '좋음'을 판단하는 기준은 본질적으로 도시와
건물의 외관, 즉 시각적 측면이었다.

동시에 몇몇 기능적인 측면도 함께 검토되었다. 특히
안전과 교통, 퍼레이드나 행렬 같은 의례적 사회 기능과
관련된 실용적 문제였다. 가장 본질적인 변화는 '시각적
표현'이 도시와 건물의 중심 요소로 주목받기 시작했다는
점이다.

베네치아 북쪽에 위치한 별 모양을 한 르네상스
도시(the star-formed Renaissance city)인 팔마노바
(Palmanova)는 1593년 스카모치(Scamozzi)에 의해
설계되었다. 이 도시는 모든 도로의 폭이 위치나 용도와
상관없이 14m로 동일하다. 이는 거리의 크기가 실제
용도보다는 형식적인 기준에 따라 결정되었음을 보여주는
예로, 중세 도시와 뚜렷이 구분된다. 도심의 중심부에 있는
피아차 그란데(Piazza Grande) 역시 마찬가지다. 기하학적
설계기준에 따라 광장의 면적은 약 3만 제곱미터에
달하며, 이는 시에나 캄포 광장의 두 배가 넘는다.
팔마노바처럼 작은 규모의 도시에서 이처럼 거대한

광장은 제대로 기능하기 어렵다. 팔마노바의 도시계획은 다른 르네상스 시대의 도시들처럼, 책상 위에서 구상된 이론적 산물이자 흥미로운 그래픽 작업일 뿐이다. 이 시기에 형성된 시각 중심의 인식과 미학은, 이후 수 세기에 걸쳐 도시와 건축 문제를 다루는 방식에 결정적인 영향을 미쳤다.

이탈리아 팔마노바(Palmanova, 1593). 위에서 내려다본 시점에서 수립된 도시 계획이다.

스웨덴 드로트닝홀름 (Drottningholm) 소재 18세기 왕실 공원과 덴마크 공공 주택 단지(1965)의 중심 축(central axis)

기능주의 — 생리적, 기능적 관점 (Functionalism — the Physiological, Functional Aspects)

도시계획에 있어 두 번째 중요한 전환은 1930년경 '기능주의'라는 이름 아래 일어났다. 이 시기에는 도시와 건축물의 물리적, 기능적 측면이 발전하였는데, 미학으로부터 독립적이면서도 그것과 상호 보완적 관계를 맺고 있었다.

기능주의 건축의 기저에는 19세기와 20세기 초반에 축적된 의학 지식이 있었다. 1930년경, 이 새롭고 방대한 의학 지식은, 건강하고 생리적으로 적합한 건축을 위한 기준을 제공했다. 주거 공간에는 채광, 통풍, 햇빛, 신선한 공기가 반드시 확보되어야 하며, 거주자는 외부 공간에 쉽게 접근할 수 있어야 했다. 건물은 도로가 아닌 햇빛이 드는 방향으로 배치되어야 하며, 주거 공간과 작업 공간의 분리 원칙도 이 시기에 수립되었다. 이는 개인에게 건강한 생활 환경을 보장하고, 물질적 혜택을 공평하게 제공하려는 의도였다.

"만약 모든 사람이 똑같이 위생적이고 쾌적한 집에서 살아야 한다면, 모든 집에 햇빛이 직접 들어와야 한다는 조건이 필요하다. 이 조건을 지키려면 집을 배치하는 방식이 완전히 달라질 수밖에 없다.

그래서 건물은 햇빛의 방향을 고려해 평행하게 배치하는 개방형 설계 방식을 따르는 것이 좋고, 관통형 아파트(양쪽으로 창문이 나 있어 바람이 통하는 아파트)는 동서 방향으로, 그렇지 않을 경우 남북 방향으로 배치하는 것이 바람직하다.

특히 동서 방향의 관통형 아파트는 여러모로 유리하다. 자연스러운 바람의 흐름을 만들어주고, 햇빛이 잘 드는 면(sunny side)을 제공해, 거주자에게 더 건강하고 쾌적한 생활환경을 만들어준다."[2]

– G. 아스플룬드, 《Acceptera》, 1930.

르코르뷔지에(Le Corbusier)의 기능주의 선언문
《도시 계획에 관하여(Concerning Town Planning)》에
실린 삽화를 보면 햇빛, 빛, 열린 공간의 중요성이
강조되었지만, 공공공간에서 일어날 수 있는 공공성
차원까지는 충분히 고려되지 못했다.

캐나다 토론토의 공동주택(콘도미니엄), 신도시와 건축 프로젝트에서 거리와 광장이 사라졌다. 인류 역사 내내
도시의 중심이었던 광장 대신 거대한 규모의 도로가 등장했다.

독일 베를린의 공공주택. 인구 밀도는 높지만, 건물 사이의 삶은 삭막해졌다.

소멸된 거리 (the Street that Disappeared)	기능주의자들은 건축물이나 공공공간의 설계가 인간의 심리적, 사회적 측면에 미칠 영향에 대해서는 언급하지 않았다. 놀이 활동이 어떻게 이루어질지, 사람들이 어떤 방식으로 접촉할지, 그리고 서로 마주치고 대화를 나눌 기회가 얼마나 생길지 전혀 고려하지 않았다. 기능주의는 철저히 물리적이고 물질적인 측면에 초점을 맞춘 계획 이념이었다.

신도시와 건축 프로젝트에서 거리와 광장이 사라졌다. 거리와 광장은 인류 역사 내내 도시의 중심이자 모임의 장소였지만, 기능주의 시대에는 '불필요한 존재'가 되었다. 그 자리를 대신 한 것은 도로, 보행로, 끝없이 펼쳐진 잔디밭이었다.

"후기 근대" 도시계획의 기반 (the "Late Modern" Planning Basis)	간단히 말해, 르네상스 시대에 형성되어 이후 수 세기에 걸쳐 발전한 미학, 그리고 기능주의가 제시한 도시설계의 생리적 기준은, 1930년부터 20세기 말까지 도시 건설과 주거 환경 개선의 이념적 토대가 되었다.

이 개념은 지난 수십 년에 걸쳐 검토되면서, 각종 법규와 건축 기준 등으로 구체화되었다. 대부분의 산업화된 국가에서 도시 건설이 가장 활발하게 이루어진 중요한 시기에, 건축가와 도시계획가들은 바로 이 개념을 중심으로 도시를 설계하고 주거지를 만들었다.

물리적 요소에 치우친 계획에서 놓친 사회적 가능성 (Social Possibilities in Physically Oriented Planning)	1930년대, 건축가들이 추구한 미학과 '건강한 건축'을 내세운 기능주의적 아이디어가 현실로 구현되었을 때, 그 안에서 사람들이 어떤 삶을 살게 될지는 누구도 제대로 예측하지 못했다.

어둡고 과밀하며 비위생적인 노동자 주거지에 대한 대안으로 등장한 밝고 현대적인 고층 주택 단지에는 분명 장점이 있었고, 이를 지지하는 것은 자연스러운 일이었다.

기능주의자의 선언문에는 옛 도시에 대한 '낭만적 향수'나 '감상적인 정서'를 향한 단호하고도 열정적인 비판이 담겨 있었다.

하지만, 사회적 환경에 미치는 영향은 논의되지 않았다. 건축물이 옥외 활동에, 나아가 다양한 사회적 만남의 기회에 중대한 영향을 미칠 수 있다는 사실조차 인지되지 않았다. 물론 누구도 소중한 사회적 활동을 줄이거나 없애려 한 것은 아니었다. 건물 사이에 마련된 넓은 잔디밭이 다양한 오락 활동과 풍부한 사회적 삶을 펼칠 수 있는 이상적인 공간이 될 것이라 믿었을 뿐이다. 투시도(perspective drawings) 속에서는 활기찬 사람들과 다양한 활동이 넘쳐났다. 그러나 실제로 이 녹지가 건축 단지 안에서 사람을 이어주는 핵심 공간이 될 수 있을지는 아무도 묻지 않았다.

계획의 타당성을 제대로 평가하게 된 것은, 대규모 기능주의적 고층 주거 도시가 실제로 건설된 이후 20~30년이 지난 1960~70년대였다. 기능주의 건축 프로젝트 계획 원칙 중 일부만 살펴보았더라도, 사회적 관계 형성을 고려하지 않은 기계적 배치 방식이 '건물 사이의 삶'에 어떤 영향을 미칠지 충분히 예측할 수 있었을 텐데 말이다.

기능주의 계획과 인간 중심 도시의 대조 (Functionalistic Planning Versus Life Between Buildings)

채광과 환기를 확보해 주었던 주거 공간의 분산과 인구 밀도의 저하는, 사람과 활동이 머무는 공간까지 분산시켰다. 주거, 공장, 공공건물 등 기능별로 구획된 배치는 생활환경의 신체적, 위생적 제약을 어느 정도 해소했을 수는 있으나, 사람들 간의 접촉에서 비롯되는 긍정적인 가능성까지 함께 줄여버렸다.

사람과 활동, 기능 간의 큰 간격은 신도시 지역의 가장 보편적 특징이 되었다. 자동차 중심의 교통체계는 옥외

활동을 위축시켰다. 게다가, 사람의 삶과 관계를 외면한
채, 기능과 효율만을 중시한 차갑고 획일적인 건물은
사람들이 공공공간을 이용하는 데 부정적인 영향을
미쳤다. 기능주의적 도시계획의 결과를 표현한 가장
적확한 용어는 고든 컬런(Gordon Cullen)이 그의 저서
《타운스케이프(Townscape)》[10]에서 사용한 '사막형
계획(desert planning)'일 것이다.

단독주택 지역 − 옥외 공간이 아닌, 건물 주변에서만 이루어지는 삶 (Single-family Housing Area—Life Around but Not Between Buildings)

기능주의적 고층 건물이 지어지는 한편으로, 자가용
시대의 결과물인 저층 개방형 단독주택 단지가 북유럽을
비롯한 미국, 캐나다, 호주 등에서 대규모로 조성되었다.
단독주택의 정원에서 사적으로 옥외 활동을 할 수 있는
환경은 꽤 좋았다. 하지만 거리 설계, 자동차 통행 방식,
그리고 무엇보다 사람과 활동의 과도한 분산으로 인해
공적인 옥외 활동은 극히 제한되었다. 건물 사이의 삶이
사라진 상황에서, 외부 세계와 접촉할 수 있는 창구는
대중 매체, 그리고 쇼핑센터로 축소되었다.

인간의 삶이 배제된 신도시 개발 (Life Is Built out of the New City Areas)

이러한 사례는 전후 도시계획이 '건물 사이의 삶'에 어떤
식으로 영향을 미쳤는지를 잘 보여준다. 신도시 계획에서
인간의 삶은 사실상 배제되었다. 이는 세심하게 의도된
결과라기보다, 오랫동안 도시에서 더 중요하게 여겨진
다른 목표들에 밀려난 것이다. 중세 도시의 구조와
규모는 사람과 활동을 거리와 광장으로 불러들였고,
인간의 통행과 옥외 활동을 장려했다. 반면, 기능주의적인
신도시 지역과 현대의 건축 프로젝트는 정확하게 반대로
작동했다.

　이런 지역에서는 생산 방식의 변화와 사회적 조건으로
인해 훼손된 옥외 활동이, 도시계획과 설계 방식에 의해
더욱 악화되었다. 만약 도시계획가들에게 '건물 사이의

삶'을 의도적으로 줄이라고 주문했더라도, 무분별한 확장과 기능주의 재개발이 실제로 초래한 결과만큼 완벽히 해내기는 어려웠을 것이다.

모더니즘의 경직성을 향한 포스트모더니즘의 반발은, 거주자의 편의보다는 예술적 표현에 치중한 부자연스럽고 과장된 건축물 탄생으로 이어졌다. 하지만 현대의 건축물이 건물 안팎에서의 인간의 삶을 충실히 담아내고, 나아가 한결 더 풍요롭게 만들 수 있다는 것 또한 여러 사례에서 입증되고 있다. 핵심은, 설계 과정에서 얼마나 세심하게 사람을 배려하고 깊이 고민했는가에 달려 있다.

위: 네덜란드 로테르담의 신규 주거 단지

아래: 캘리포니아 산타크루즈의 크레스지 칼리지. 세심하게 설계된 거리를 중심으로 조성되었다. 찰스 무어, 윌리엄 턴불 건축.

호주의 빅토리아(위)와 미국 콜로라도(아래)의 교외
주택가 거리. 공적인 옥외 활동이 거의 일어나지 않는다.

건물 사이의 삶 ─ 오늘날 사회적 상황에서
(Life Between Buildings ─ In Current Social Situation)

능동적 참여 혹은 수동적 소비 (Active Participation or Passive Consumption)

기능주의, 신도시 개발, 그리고 무질서하게 확장된 도시 외곽의 저밀도 주거 단지를 비판할 때, 그 핵심 원인으로 늘 지목되는 것은 소외되고, 파괴되었으며, 결국 사라져 버린 공공공간이다. 전화, 텔레비전, 비디오, 가정용 컴퓨터 등은 새로운 소통 방식을 만들어냈다. 공공공간에서 직접 만나던 것이, 간접적인 디지털 커뮤니케이션으로 대체되었다. 사람들은 이제 현장에 존재하고, 참여하고, 경험하던 활동 대신 타인이 다른 곳에서 경험한 것들을 수동적으로 '구경'한다. 자동차 사용의 일상화는, 자발적으로 발생한 지역 내 사회적 활동에 직접 참여하기보다는, 약속된 만남이나 장소로 이동하는 방식으로 삶의 패턴을 바꾸어 놓았다.

그러나 잃어버린 것을 되찾을 방법은 여전히 존재한다. 공공공간의 부재와 소외에 대해 끊임없는 반발이 일어난다는 사실은 여전히 '건물 사이의 삶'에 무언가 본질적으로 결여되어 있음을 말해 준다.

시민들의 문제제기 (Protests)

무언가의 결여. 그것을 입증하는 것을 하나 꼽아 보라면, 물리적 계획에 대한 대중들의 광범위한 문제제기다. 도시 및 주거 환경에 대한 논쟁들, 그리고 주로 물리적 환경의 개선을 요구하며 일어나는 주민들의 조직화 역시 그

증거가 된다. 그들이 제기하는 문제를 살펴보면, 몇 가지 전형적인 요구사항이 눈에 띈다. 우선 보행자와 자전거 교통 환경의 개선, 어린이와 노인을 위한 환경의 개선, 그리고 일반적으로 오락 및 사회적 공동체 기능을 염두에 둔 기반시설의 개선이다.

공간설계 프로젝트 (Projects)

앞서와 같은 결여는 신세대 건축가들과 도시계획가들의 문제제기, 즉 모더니즘과 교외 지역의 무분별한 확산에 제동을 걸려는 시도에서도 역시 드러난다. '도시' 자체를 다시 건축의 중심 과제로 삼고, 거리, 광장, 공원 같은 공공공간을 정교하게 설계하려는 이런 프로젝트의 등장은 쏟아지는 대중의 문제제기를 수용하고 반영하려는 움직임이다.

경향 (Trend)

공공공간에 무언가 중요한 것이 빠져있다는 사실은, 서구 산업사회의 사회적 변화 속에서 더욱 선명해진다[9]. 가족 구조는 변했고, 규모는 작아졌다. 2011년 현재, 북유럽의 경우 가구당 평균 인원은 2.2명 수준까지 줄었다. 그만큼 집 밖에서 손쉽게 접근할 수 있는 사회적 만남과 활동에 대한 요구는 커질 수밖에 없다.

인구 구성도 변화하고 있다. 아이는 줄고 성인은 늘었다. 전체 인구의 약 20%가 은퇴 후에도 건강한 상태로 10년, 20년, 심지어 30년 이상 삶을 누릴 수 있는 고령층으로 구성되는 것은, 오늘날 대부분 산업 국가의 일반적 현상이다. 북유럽에서는 여가가 많은 고령 집단이 도시 공간을 가장 활발하게 이용하는 것으로 나타난다. 공간이 '이용할 만한 가치'가 있다면, 사람들은 실제로 그 공간을 사용한다.

직장 환경도 변했다. 기술 발전과 효율성 중심의 업무수행 방식은 많은 일자리에서 사회성과 창의성을

발휘시킬 여지를 없애버렸다. 업무량과 근무 시간도
줄었다. 더 많은 사람이 더 많은 여유 시간을 갖게 되었고,
전통적인 개념의 직장에서 추구할 수 없는 사회적, 창의적
욕구를 채워줄 장이 필요해졌다. 이 욕구를 담아낼 수
있는 물리적 기반은 바로, 주거지와 도시 공간, 커뮤니티
센터, 도심 광장에 존재하는 공공공간 안에 있다.

**새롭게 형성된 거리
활동의 양상 (New
Street Life Patterns).**

사회가 변화하는 모습은, 거리에서 이루어지는 소소한
일상과 활동을 통해 드러난다. 자동차 중심의 도심 공간을
보행자 거리 체계로 전환하려는 노력이 전 세계적으로
진행되면서, 단순히 상업적 기능을 넘어선 공공공간의
활용이 눈에 띄게 늘고 있다. 그 결과, 사회적이고
오락적인 도시 생활이 더욱 폭넓게 발달했다.

코펜하겐의 변화는 1962년에 시작됐다. 이때부터
보행자 전용 거리가 점차 확장되면서, 공공공간에서의
활동이 해마다 늘어났고, 활동의 내용은 창의성, 다양성
면에서도 성장했다[16]. 과거에는 상상하기 힘들었던
다양한 민속 축제와 대형 카니발도 새롭게 등장했다.
북유럽에서는 불가능하다고 여겨졌던 일상이 이제는
자연스럽다. 사람들이 원했고, 그래서 생겨난 변화였다.

더 중요한 변화는, 거리에서 이루어지는 소소한 일상
활동의 증가였다. 1995년 코펜하겐 도심의 거리 생활을
조사한 결과, 지난 20년간 사회적 교류를 포함한 오락적
활동이 4배나 늘어난 것으로 나타났다. 도시의 크기는
그대로였지만, 거리에서의 삶은 분명 확장되었다.

신도시 주거지역의 공용 공간도 마찬가지다. 공간이
적절한 품질을 갖추면, 사람들은 더 많이, 더 자주
이용한다. 공용 공간의 필요성은 분명하다. 작은 주택가
골목부터 도시의 중심 광장에 이르기까지, 크기와 형태를
가리지 않고 다양한 공간이 필요하다.

공공공간의 새롭고 활발한 활용을 통해 사회가 변화했음을 알 수 있다. 사회적, 오락적 활동이 늘어나면서, 공간을 찾는 사람이 많아지고, 수동적인 이용에서 능동적인 참여로의 전환이 이루어졌다.

왼쪽: 코펜하겐의 여름날 풍경들. 보드게임을 하는 사람들

오른쪽: 민속 축제에 참여한 사람들

건물 사이의 삶, 그 자체로 소중한 가치이자 변화를 만들어내는 시작점 (Life Between Buildings — an Independent Quality, and Perhaps a Beginning)

도시의, 그리고 그 안의 생활 공간의 개선이라는 테마를 두고 사람들은 다양한 비평, 반응, 그리고 비전을 내놓기 마련이다. 이런 활동들이 건물 사이의 삶에서 중요한, '물리적 환경'을 돌아보게 하는 출발점이 된다.

시작부터 거창하고 방대한 계획을 제시할 필요는 없다. 오히려 관심과 노력을 기울여야 하는 지점은 바로 일상의 삶과 평범한 순간들, 그리고 사람들이 매일 살아가는 공간이다. 여기에 주의를 기울이면, 비록 작지만 본질적인, 다음의 세 가지 요구 조건을 도출할 수 있다.

- 일상적으로 필요한 옥외 활동이 원활히 이루어질 수 있는 적절한 환경
- 여가와 오락 같은 자발적 활동을 즐길 수 있는 바람직한 공간
- 사회적 교류와 만남이 자연스럽게 이루어질 수 있도록 설계된 장소

자유롭고 안전하게 이동할 수 있는 것, 도시나

주거지에서 편안히 머물 수 있는 것, 공간과 건축물,
도시에서 즐거움을 느낄 수 있는 것, 그리고
비공식적으로든 좀 더 짜여진 방식으로든 타인과 만날
수 있는 것—이런 요소들은 과거와 현재의 뛰어난 도시
프로젝트는 물론, 건축 프로젝트에 있어서도 핵심적인
역할을 하고 있다.

　앞서 언급한 요건의 중요성은 아무리 강조해도
지나치지 않다. 사소한 것처럼 보이는 요소들이 일상을
한층 풍요롭게 만드는 공간적 기반이 된다. 건물 사이의
삶과 공동체 활동을 위한 질 높은 물리적 기반은 언제나
그 자체로 중요하며, 변화를 만들어내는 시작점이 된다.

2. 계획의 전제조건
(PREREQUISITES FOR PLANNING)

▸ 사회적 과정과 설계 프로젝트
▸ 감각, 소통, 그리고 크기의 규모
▸ 건물 사이의 삶 – 생성의 과정

사회적 과정과 설계 프로젝트
(Process And Projects)

사회적 과정과 설계 프로젝트 (Process and Projects)

이 책의 주제는 물리적 환경과 옥외 공간에서 이루어지는 활동 간의 상호작용이다. 그중에서도 사회적 활동은 이 상호작용의 본질이다. 앞서 다룬 내용에서, 이웃과 마주칠 기회, 관계를 형성하고 유지할 가능성, 울타리 너머로 이웃과 담소를 나누는 장면 등 다양한 사례가 소개되었다. 옥외 활동의 범위와 이웃 간 교류 빈도 사이에 존재하는 직접적인 상관관계에 대한 예시도 함께 제시했다. 주민들이 밖에 머무는 시간이 많을수록 서로 마주칠 기회가 많아지고, 인사와 대화도 자연스럽게 이어진다.

그러나 특정한 건축 형식만으로, 이웃 간의 접촉과 친밀한 관계가 저절로 형성된다고 단정할 수는 없다. 상호작용이 실제로 일어나기 위해서 건축 이상의 요소가 필요한 것은 사실이지만, 설계를 통해 만남과 상호작용을 촉진할 수 있음은 분명하다.

공동체 활동을 유도하기 위한 필수 요소 (Prerequisites for Community Activities)

이웃 간의 접촉이나 다양한 형태의 공동체 활동이 피상적 수준을 넘어 발전하려면, 배경, 관심사, 문제의식 등에 있어 실질적인 공통분모가 필요하다. 접촉의 깊이와 의미를 더하려면 이것이 특히 중요하게 작용한다. 반면, 일상적이고 실용적인 접촉 단계에서는 물리적 환경의 역할이 훨씬 더 직접적이고 결정적이다.

진행 과정과 설계 계획의 상호작용 (Interaction Between Processes and Projects)

설계 프로젝트에서는 사회적 의사 결정 과정과 프로젝트 간의 상호작용이 중요하다. 이는 각 공간의 특성을 고려하는 것은 물론, 그 안에서 실제로 생활하거나 머무는 사람들의 관심과 필요를 설계 전반에 종합적으로 반영해야 함을 뜻한다.

물리적 환경은 크든 작든 주민들의 사회적 관계 형성에 영향을 미친다. 공간의 구조와 설계 방식은 교류를 촉진할 수도, 반대로 제한하거나 차단할 수도 있다. 말 그대로, 건축이 사람들이 원하는 활동의 흐름을 가로막을 수 있는 것이다. 따라서 설계 프로젝트를 진행할 때는, 물리적 계획 그 자체뿐 아니라 사회적 의사 결정 과정과의 긴밀한 상호작용이 필요하다. 계획과 실행이 서로를 보완하며 긍정적인 흐름을 만들어낼 때, 물리적 환경은 더 폭넓은 가능성과 활발한 상호작용을 끌어낸다.

바로 이러한 맥락 아래에서 공공공간과 건물 사이의 삶을 위한 작업이 이루어져야 한다. 설계에 따라 사회적 관계의 가능성은 억제될 수도, 반대로 촉진될 수도 있다. 이어서 제시될 사례는 사회적 과정과 설계 프로젝트 간의 연계를 긍정적으로 일궈낸 경우로, 맥락을 뒷받침하는 원칙과 개념 정의를 함께 소개한다.

사회적 관계 구조 (Social Structure)

민주적 절차의 원활한 작동을 위해, 작업장, 단체, 학교, 대학 등에서는 단위와 집단을 소규모로 만들려는 경향이 있다. 예를 들어, 대학의 경우에는 단과대학, 연구소, 학과, 스터디 그룹에 이르는 체계가 단계적으로 존재한다. 이러한 구성은 의사 결정의 흐름을 조직할 수 있고, 개인에게는 사회적 소속감과 전문가로서의 정체성을 확립할 수 있는 기준점이 된다.

덴마크 코펜하겐의
시벨리우스
공원(덴마크 공동 설계
사무소(Fællesteg-
nestuen) 건축). 현관,
발코니, 베란다, 앞마당,
정원이 모두 진입로를
향하고 있다. 이럴 경우
사람들은 공공공간에서
벌어지는 다양한 풍경을
자연스럽게 바라볼 수
있고, 일상적인 동선에서
이웃과 마주칠 기회가
잦아진다. 이러한
구조가 사회적 관계망을
형성하는 핵심적 요소다.

북유럽의 신도시
주거지역에서는 주거
단지를 소규모로 나누는
방식이 확산되고 있다.
15~30세대 규모의 주거
그룹이 사회적 관계를
형성하기에 효과적인
것으로 나타났다.

아래: 하나의 조직 단위로
설정된 주거 블록

위: 덴마크 스코데(Skaade, Denmark. C.F. 몰레르 건축사무소 설계, 1985.)

주거 환경의 사회적 구조 (Social Structure — in the Residential Context)

덴마크의 협동조합 주택 프로젝트 팅고르덴(Tinggården) [49]은 1978년에 지어진 총 80세대 규모의 임대주택 단지로, 사회적 구조와 물리적 구조가 모두 치밀하게 고려된 사례다. 이 프로젝트의 핵심은 계획 단계에서부터 실제 건축에 이르는 과정이 조화를 이루도록 하는 데 있었다.

계획의 진행 단계부터 예비 입주민과 건축가가 공동으로 참여한 이 프로젝트에서는 바람직한 사회 구조에 대한 분명한 지향이 드러난다. 전체 단지는 약 15세대로 구성된 여섯 개의 소규모 주거 블록으로 나뉘며, 블록마다 공용 시설이 있다. 또한, 모든 거주자가 함께 사용할 수 있는 대형 커뮤니티 센터도 단지 내에 마련되어 있다. 개별 주택에서부터 주거 블록, 주거 단지, 마침내 도시 전체에까지, 도시는 위계적으로 분할된다. 이런 설계에는 블록에서부터 단지에 이르기까지, 공동체 의식과 민주적 절차를 강화시키려는 의도가 담겨 있다.

주거 환경의 물리적 구조 (Physical structure — in the Residential Context)

팅고르덴 주택 단지의 물리적 구조는 그들이 지향하는 사회적 구조를 반영하고, 이를 효과적으로 지지한다. 사회적 관계 속의 위계는 단지 내 공용 공간의 위계로도 드러난다. 가족은 거실에서 서로 마주하고, 각 가구는 야외 마당이나 실내 커뮤니티 하우스에서 이웃과 만난다. 그리고 모든 단지는 주민 전체가 함께 이용하는 대형 커뮤니티 센터와 연결된 주 통행로로 모인다.

계획 과정과 실현 사이의 상호작용 (Interaction Between Process and Projects)

이 사례의, 또 그와 유사한 건축 프로젝트에서의 핵심 개념은 물리적 구조 즉, 건축 계획이 주거지에서 지향하는 사회적 구조를 시각적, 기능적으로 도와야 한다는 점이다. 시각적으로는, 개별 주택을 공용 마당이나 주 통행로 주변에 배치하여 사회적 구조가 공간적으로 가시화되어야 한다. 기능적으로는, 위계적 구조의 각 단계에 실내외 공용

건축 프로젝트 계획 과정과 실현간의 상호작용: 코펜하겐 팅고르덴 주택 단지
(Interaction between process and project: Tinggården, Copenhagen)

코펜하겐 남쪽에 있는 협동 주택 단지 팅고르덴(테그네스투엔 반드쿤스텐 설계, 1977~1979)은 총 6개의 주거 블록(A~F)이 있으며, 각 블록은 평균 15세대로 구성되었다.
주거 블록은 모두 하나의 공용 마당과 커뮤니티 하우스를 중심으로 배치되었고(2), 모든 블록의 주민 전체가 함께 사용하는 공용 커뮤니티 센터(1)는 주 통행로 주변에 자리 잡고 있다.

오른쪽: 주거 블록 A는 두 개의 공용 공간 즉, 야외 광장과 실내 커뮤니티 하우스를 중심으로 배치된다.

아래: 팅고르덴 평면도

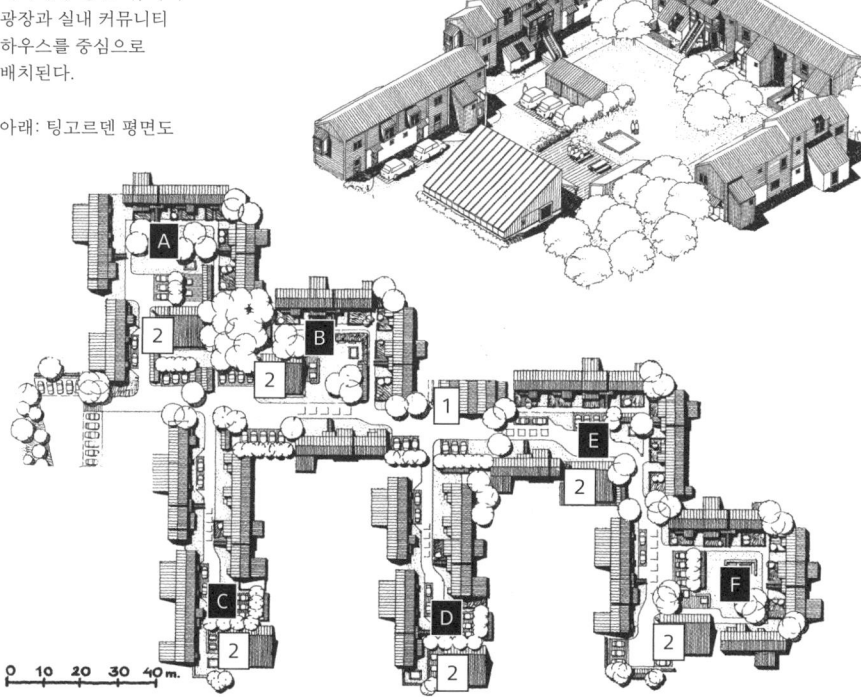

공간을 마련하여 그 구조가 실제로 작동하게 하는 것이다.

공용 공간의 핵심 기능은 옥외 공간의 무대를 제공하는 것이다. 이곳에서는 보행, 짧은 머무름, 놀이, 일상적인 사회적 접촉과 같은 비계획적 활동이 자연스럽게 이루어지며, 입주자의 의지에 따라 더욱 풍부하고 다양한 활동으로 확장될 수 있다.

분산된 도시 구조 (Diffuse Structure) 팅고르덴이 명확한 사회적 구분과 이에 부합하는 물리적 구조를 갖춘 대표적인 사례라면, 이에 대조적으로 우리가 흔히 접하는 도시 외곽의 저밀도 주거 단지나 다세대 주택 단지가 있다.

이러한 지역에서는 가족 또는 한 가구가 사회 구조의 가장 작은 단위인데, 그다음 규모는 곧바로 도심이나 쇼핑센터와 같은 거대한 규모다. 두 단위 사이를 이어줄 사회적 연결망은 희박하거나 불분명한 경우가 많다. 물리적 구조 즉 공간의 경계는 느슨하게 흩어져 있다. 주거지 내부는 모호하고 불확실하다. 개별 주택이 어떤 구역에 속하는지, 전체 주거지가 어디서 시작되고 끝나는지를 가늠하기 어렵다. 주거지 내 도로는 공동체 활동이 어디에서 어떤 방식으로 이뤄질 수 있을지를 충분히 고려하지 않은 채 설계되는 경우가 많다. 이렇게 물리적 구조가 명확히 정의되지 않으면 '건물 사이의 삶'이 자리 잡을 기반이 약해진다.

두 사례는 주거지를 설계할 때, 사회적 관계망과 물리적 형태를 어떻게 상호 작동시켜야 하는지 비교해 보여준다. 특히 공공공간과 옥외 생활을 활성화하려면, 사회적 상호작용과 주거 단지의 규모 및 구성 방식을 촘촘히 엮어서 고려해야 한다. 다양한 단계에서 이뤄지는 만남과 교류는 '건물 사이의 삶'의 핵심이자, 사회적 관계를 형성하고 지속하기 위한 기반이 된다.

호주 멜버른의 교외 지역.
분산된 도시 구조를
보이고 있다.

사적 영역의 단계
(Degrees of Privacy)

집 안의 거실에서부터 도심의 시청 광장에 이르기까지,
단계적으로 구성된 공공공간 체계를 살펴보면 각 공간이
어떤 사회 집단과 연결되는지 알 수 있다. 이를 통해 각
공간이 지닌 공적, 사적 성격의 정도도 가늠할 수 있다.
가장 작은 단위로는 거실과 같은 실내 공간이며, 그다음은
정원이나 발코니처럼 개인이 소유한 옥외 공간을 갖춘
주택이다.

주거 그룹 내의 공용 공간은 누구나 접근할 수 있지만,
소수의 입주자와 긴밀하게 연결되기 때문에 반-공적
성격을 지닌다. 이보다 넓은 범위에 해당하는 지역
커뮤니티의 공용 공간은 상대적으로 더 공적인 성격을
띠며, 도시의 시청 광장과 같은 곳은 100% 공적인
공간이라 할 수 있다.

공적 공간과 사적 공간 사이의 단계는 상황에 따라 매우
세밀하게 구분될 수도, 반대로 거의 구분되지 않을 수도
있다. 예컨대, 고층아파트 단지나 경계가 불분명한 단독
주택지에서는 사적인 영역과 공적인 영역 사이에 중간
지대가 거의 없어, 지극히 사적인 공간에서 곧바로 매우
공적인 공간으로 이동해야 하는 경우가 많다.

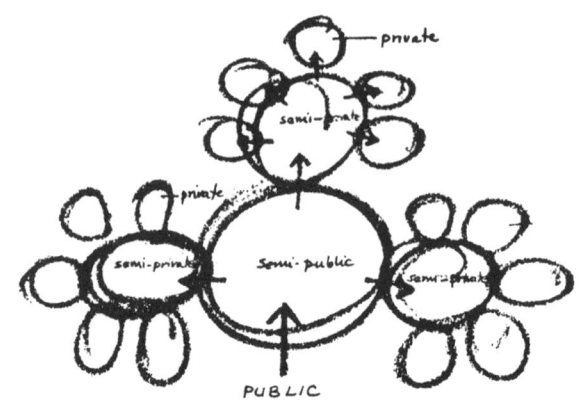

사적 공간, 반-사적 공간, 반-공적 공간, 공적 공간 등 단계적으로 구성된 주거 단지를 도식화한 예시(오스카 뉴먼,《방어 가능한 공간(Defensible Space)》[41]). 이처럼 명확한 구조는 자연스러운 감시 체계를 강화하고, 거주자가 '누가 이 공간에 속하는 사람인지'를 판단하는 데 도움을 주며, 공동의 문제를 함께 결정할 가능성을 높여준다.

생활 영역, 안정감, 소속감 (Territories, Security, and Sense of Belonging)

다양한 수준의 공용 공간을 갖춘 사회적, 물리적 구조가 구축되면, 사람들은 작은 규모의 공간에서 점차 더 넓고 공적인 공간으로 자연스럽게 이동한다. 이 구조에서는 사적 주거 공간을 벗어난 외부공간에서도 사람들은 안정감과 소속감을 느낀다. 개인이 '자신의 주거 공간'이라 인식하는 범위가 실제 거주 공간보다 넓게 확장되며, 이러한 변화로 인해 공공공간을 더 적극적으로 이용하게 된다. 다른 상황에서라면 더 나이가 들어서야 허용했을 아이의 바깥 놀이를, 이 지역의 부모는 비교적 이른 시기에 허락할 수 있다.

주거지 내 외부공간이 반-공적이며, 친밀하고 익숙한 분위기로 구성되어 있을 때, 사람들은 자연스럽게 이웃의 얼굴을 익히고 관계를 맺는다. 사람들은 이곳을 '우리 동네의 일부'로 생각하며, 자발적인 감시와 공동의 책임 의식을 느낀다. 그 결과, 공용 공간과 주변 주거 환경은 주민에 의해 더 세심하게 관리되며, 일상의 배경으로써 활기를 더한다. 개인의 주거지가 보호받는 것처럼, 공용 공간도 그들 주거 환경의 일부로 자리 잡게 되어 기물 파손이나 범죄로부터 지켜진다.

주거지를 작고 명확한 단위로 나누는 방식은 점점 더 주목받고 있으며, 최근 새로 조성되는 주거 단지에서도 핵심 설계 전략으로 채택된다. 주민들이 소규모 단위로 묶여 있을 때, 공동체 활동은 활발해지고 서로의 문제에도 더 빠르고 효과적으로 대응할 수 있음이 여러 사례에서 확인되었다. 이 방법은 기존 주거지의 리노베이션이나 환경 개선을 할 때도 중요한 접근법으로 활용된다.

오래된 공공주택 단지들이 안고 있는 가장 시급한 문제 중 하나는 지나치게 큰 규모와 불분명한 경계를 가진 공공공간이다. 너무 넓고 성격이 모호한 공간은 쉽게 '관리의 사각지대(no man's land)'로 전락하며, 결국 주민들의 일상과 공동체 삶에 부정적인 영향을 미친다.

전환 공간은 부드럽게 (Transition Zones — Gentle Transitions)

결론적으로, 다양한 공공공간들 사이에는 부드럽게 이어지는 전환 공간이 필요하다. 도시의 거리와 주거 단지 사이에 어느 정도 물리적 경계가 필요한 것은 맞지만, 그 경계가 외부 세계와의 접촉을 차단할 만큼 강해서는 안 된다. 아이들이 창밖을 통해 이웃 놀이터에 나와 있는 친구를 확인할 수 있는 시각적 연결 고리 같은 요소가 있어야 비로소 좋은 공간이라 할 수 있다.

경계는 분명하되 쉽게 오가고 접근할 수 있는 전환 공간이 존재하는 곳, 즉, 사회적, 물리적으로 치밀하게 설계된 사례로는, 스웨덴의 란스크로나와 산드비켄, 그리고 영국 뉴캐슬의 바이커에 있는 랄프 어스킨(Ralph Erskine)의 주거 단지를 들 수 있다[7]. 랄프 어스킨의 바이커 프로젝트(Ralph Erskine's housing projects)는 12,000명의 주민을 이주시켰던 도시 재생 프로젝트로, 낡고 오래된 연립주택 지역의 기존 건물을 철거하고 그 부지 위에 새로 주거지를 지었다. 주민들이 옛 건물에서 새 건물로 옮겨가는 동안 단절감이 아니라 연속성을 느낄

사적 공간과 공적 공간이
뚜렷이 구분되고 동시에
자연스럽게 이어지는
주거지의 단계별 구조.
경계가 또렷해지면
내부 공간의 질서가
명확해지고, 이는 지역
사회 문제 해결의 중요한
출발점이 된다. 오스카
뉴먼, 《방어 가능한
공간》[41]

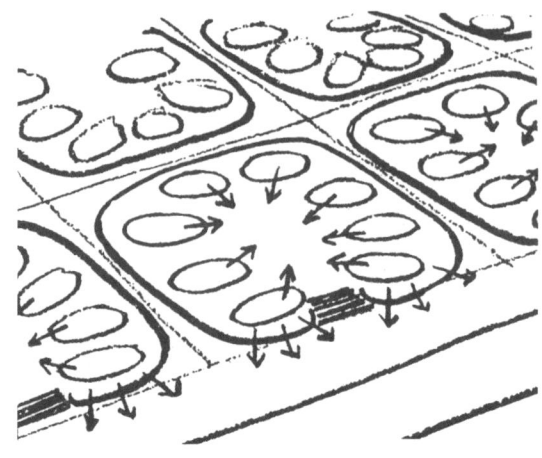

코펜하겐시로부터
자치권을 요구하는 지역
공동체가 입주자를
환영하기 위해 공식
표지판을 패러디해 세운
비공식 표지판. "인구
24,000명—코펜하겐의
통치를 받는 중"

뉴캐슬어폰타인 바이커.
주거 단지의 출입구가
확실하게 구획된 모습

수 있도록, 주거 그룹과 지역 단위를 기존의 거리와 동네
구획에 맞춰 주의 깊게 설계했다. 또한, 출입문과 게이트
같은 장치를 통해 전환 공간의 물리적 경계를 치밀하게
만들었는데, 덕분에 주민들은 자신의 생활 구역이
어디까지인지를 인식할 수 있으면서도, 이 경계가 이웃과
자연스럽게 오가며 교류하는 데 걸림돌이 되지 않음을
인식할 수 있었다.

감각, 소통, 그리고 크기의 규모
(Senses, Communication, And Dimensions)

감각—계획에서 반드시 고려해야 할 요소 (the Senses—a Necessary Planning Consideration)

인간의 감각이 어떻게 작동하는지, 또 어떤 범위에서 작동하는지 이해하는 것은 건물과 외부 공간을 구성할 때 반드시 필요한 전제 조건이다. '보고 듣는 접촉'은 옥외 공간에서 일어나는 가장 폭넓은 사회 활동과 밀접히 연관되어 있기 때문에, 감각의 작동 방식은 공간 계획이 고려해야 할 핵심 요소가 된다. 감각의 작동 방식을 이해하는 것은 단순한 정보 교환뿐 아니라, 사람들이 공간의 조건과 규모를 어떻게 받아들이는지를 파악하는 핵심 열쇠다.

정면과 수평 방향에서 받아들이는 감각 체계 (a Frontal and Horizontal Sensory Apparatus)

인간의 움직임은 본래 주로 시속 약 5km 정도의 수평 이동으로 제한되며, 인간의 감각 체계는 여기에 최적화되어 있다. 감각은 본질적으로 정면을 향해 발달해 왔다. 그중에서도 특히 시각이 중요한데, 사람의 시야는 가로 방향으로 가장 넓게 열린다. 가로 시야는 세로 시야보다 훨씬 넓다. 정면을 응시할 때 사람은 양쪽으로 거의 각각 90도에 이르는 범위 안에서 주변에서 일어나는 일을 어렴풋이 감지할 수 있다. 세로 시야는 아래쪽이 가로 시야보다 좁고, 위쪽은 그보다도 더 좁다. 게다가 걷는 동안에는 발밑을 살피기 위해 시선이 약 10도 아래를 향하므로, 위쪽 시야는 더욱 제한된다. 거리를 걷는 사람의 눈에 들어오는 것은 사실상 건물의 1층, 보도, 그리고 거리에서 벌어지는 일 정도이다.

따라서 사람이 어떤 사건을 인지하려면 그것은 정면, 그리고 거의 같은 높이에서 일어나야 한다. 이러한 원리는 극장, 영화관, 강당 등 모든 관람 공간의 설계에 그대로 반영된다.

극장에서 발코니석의 가격이 더 저렴한 것은, 무대 위에서 벌어지는 일을 '자연스럽고 익숙한 방식'으로 볼 수 없기 때문이다. 또한 누구도 무대 바닥보다 낮은 자리에서 공연을 보고 싶지 않다.

시야의 위아래 방향의 한계를 보여주는 또 다른 예로는 슈퍼마켓의 상품 진열 방식이다. 일상적인 생활용품은 주로 눈높이 아래, 즉 바닥 가까운 선반에 놓이고, 정작 눈높이에 딱 맞는 좁은 구역에는 충동구매를 노리고 배치한, 중요하지 않거나 불필요한 상품으로 채워진다.

사람의 움직임은 단순한 이동부터 사회적 활동에 이르기까지, 수평면에서 이뤄진다. 위로 올라가거나 아래로 내려가는 것, 경사를 두고 위아래로 대화를 나누는 것, 심지어 위를 쳐다보거나 아래를 내려다보는 것 자체를 사람들은 자연스러워하지 않는다.

원거리 감각기와 근거리 감각기 (Distance Receptors and Immediate Receptors)

인류학자 에드워드 T. 홀(Edward T. Hall)은 《숨겨진 차원(The Hidden Dimension)》에서, 인간이 다른 사람과 접촉하거나 외부 세계를 경험할 때 핵심적인 역할을 하는 주요 감각과 그 기능을 다룬다. 홀에 따르면 감각 기관은 두 가지 범주로 나뉜다. 첫째는 원거리 감각기(distance receptors)로, 눈, 귀, 코가 여기에 속한다. 둘째는 근거리 감각기(immediate receptors)로, 피부, 점막, 근육 등이 이에 해당한다. 감각 기관은 각기 다른 수준으로 전문화되어, 담당하는 기능이 서로 다르다. 이 책에서 지금

논의하고 있는 주제와 관련하여 가장 중요한 것은 원거리 감각기다.

후각 (Smell)

후각은 매우 제한된 범위 내에서만 차이를 감지한다. 머리카락, 피부, 옷에서 나는 은은한 냄새는 일반적으로 1m 이하의 거리에서만 포착된다. 향수 등 조금 강한 냄새는 2~3m 거리에서도 감지된다. 그 이상이 되면, 훨씬 강하고 자극적인 냄새만이 인간의 후각에 포착된다.

청각 (Hearing)

청각은 훨씬 더 넓은 범위를 지닌다. 약 7m 이내의 거리에서는 상당히 효과적으로 작동한다. 이 정도 거리에서는 무리 없이 대화를 주고받을 수 있다.

약 35m 정도까지는 강연장에서 질문과 답변을 주고받을 수 있지만, 자연스러운 대화는 어렵다.

35m를 넘어가면 다른 사람의 소리를 듣는 능력은 크게 줄어든다. 큰 소리는 들을 수 있어도, 그 의미까지 파악하기는 힘들다. 거리가 1km 이상으로 멀어지면 대포 소리나 고공을 나는 제트기 굉음 정도만 들린다.

시각 (Seeing)

시각은 청각보다 훨씬 더 넓은 영역을 지닌다. 우리는 별을 볼 수 있고, 소리가 전혀 들리지 않아도 날아가는 비행기를 뚜렷이 인식할 수 있다. 그러나 시각 또한 다른 감각과 마찬가지로, 타인을 느끼고 교류하는 데는 분명한 한계를 지닌다.

사회적 시야의 범위, 0~100m (the Social Field of Vision – 0 to 100 meters)

배경과 조도 그리고 특히 상대방 움직임 여부에 따라 변수가 있지만, 인간은 대략 0.5~1km 거리에서도 누군가 있다는 것은 식별할 수 있다. 약 100m쯤 가까워지면, 단순히 형체로만 보이던 모습이 비로소 '개별 인간'으로 인식되기 시작한다. 이 범위를 우리는 '사회적 시야의 범위(social field of vision)'라고 부른다.

사회적 시야의 범위가 인간 행동에 어떤 영향을
미치는지 설명하기 위해 한적한 해변을 예로 들어
보자. 드넓은 모래사장이 비어 있을 때, 해수욕객들은
약속이라도 한 듯 약 100m 간격으로 흩어져 자리를
잡는다. 이 정도 거리에서는 타인의 존재를 인지할 수
있지만, 그들이 누구인지, 무엇을 하고 있는지는 알 수
없다.

70~100m 정도로 가까워지면 비로소 상대방의 성별,
대략적인 나이, 그리고 그 사람이 무엇을 하고 있는지를
어느 정도 파악할 수 있다. 사회적 시야의 범위에서
70~100m라는 한계는 축구장 같은 경기장의 관람
환경에도 그대로 반영된다. 예를 들어, 가장 먼 좌석에서
경기장 중앙까지의 거리는 보통 약 70m로 설정되는데,
이보다 멀어지면 관중은 경기에서 벌어지는 일을
인지하기 어렵다.

거리가 꽤 가까워지면 타인을 개별적인 존재로 인식할
수 있는 세부적인 특징이 눈에 들어온다. 약 30m쯤
거리에서는 얼굴 모습, 머리 모양, 나이 등을 확인할 수
있고, 가끔 만나는 사람이라면 이때쯤 누구인지 알아볼
수 있다. 20~25m 거리가 되면 사람은 대부분 상대방의
감정과 분위기를 비교적 정확하게 읽어낼 수 있다. 바로
이 지점에서 사회적으로 흥미롭고 의미 있는 상호작용이
생겨나기 시작한다.

이 원리는 극장 설계에서도 동일하게 적용된다. 무대와
가장 먼 관객석 사이의 거리는 최대 30~35m 정도다.

극장은 본질적으로 감정을 주고받는 공간이다.
배우들이 분장이나 극적인 몸짓으로 시각적 효과를 어느
정도 확대한다 해도, 관객이 의미 있는 경험을 할 수 있는
거리는 분명히 한정되어 있다. 거리가 가까워지면 시각을

보완하는 다른 감각이 작동하기 때문에 정보의 양과
강도가 눈에 띄게 증가한다. 1~3m, 즉 자연스러운 대화가
가능한 거리에서는 의미 있는 인간적 교류에 필요한 세부
정보까지 알아챌 수 있다. 거리가 더 좁혀지면 그 순간
느껴지는 인상과 감정이 훨씬 더 깊고 강렬해진다.

본다는 것은 거리의
문제다.
80m / 50m / 20m /
7.5m / 2m / 40㎝

**물리적 거리와
사람 사이의 소통
(Distances and
Communication)**

사람들끼리 소통할 때 느끼는 감각의 강도는 서로 간의
물리적인 거리에 따라 달라진다. 강렬한 감정적 접촉은
0~0.5m라는 아주 가까운 거리에서 이루어지며, 이때는
모든 감각이 함께 작용해 뉘앙스 대부분과 세부적
사항까지 또렷이 인지할 수 있다. 상대적으로, 덜 강렬한
접촉은 이보다는 먼 거리, 약 0.5~7m 사이에서 일어난다.
　사람들은 거의 모든 상황에서 서로의 거리를 의식하며
조절한다. 상호 관심과 긴장감이 높아지면 참가자들은
거리를 좁힌다. 사람들은 가까이 다가서거나 의자에 앉은
몸을 앞으로 기울인다. 상황은 말 그대로 '가까워지고',
더 강렬해진다. 반대로, 마음이 식거나 긴장감이 풀리면,
거리는 자연스레 멀어진다. 대화나 토론이 막바지에
이르면 사람들 사이의 간격은 점점 넓어진다. 이야기를
마치고 싶을 때 우리는 몇 걸음 뒤로 물러나며, 말 그대로
그 상황에서 '멀어진다.'

또한, 우리의 언어에는 거리와 관계의 강도를 보여주는 섬세한 표현이 무수히 많다. "가까운 친구", "가까운 친척"이라는 표현이 있는가 하면, 반대로 "거리가 먼 친척", "선을 긋는다", "거리를 둔다."와 같은 표현을 사용한다.

이처럼 물리적 거리는 사회적 상황에서 친밀감의 강도를 조절하고, 대화의 시작과 끝을 통제하는 데 쓰인다.

결국, 대화가 시작되려면 적절한 공간이 필요하다. 예를 들어, 엘리베이터는 일반적인 대화를 나누기에는 사실상 불가능한 곳이다. 깊이가 고작 1m 남짓한 앞마당도 마찬가지다. 이런 공간에서는 원치 않는 접촉이나 불편한 상황이 생겼을 때 슬쩍 빠져나오기 어렵다. 반대로 앞마당이 너무 깊숙이 이어져도 대화는 쉽게 시작되지 않는다. 호주, 캐나다, 덴마크에서 진행된 조사(46쪽 및 225쪽 참조)에 따르면, 약 3.25m의 거리가 적당한 것으로 나타났다.

사회적 거리 (Social Distances)

에드워드 T. 홀은 그의 저서 《숨겨진 차원》[23]에서 다양한 사회적 거리를 정의한다. 이는 서유럽과 미국 문화권에서 의사소통의 방식에 따라 일반적으로 형성되는 관습적 거리다.

친밀한 거리(0~45cm)는 감정이 가장 강하게 오가는 범위다. 애정, 위로, 사랑 같은 따뜻한 감정은 물론, 격한 분노까지도 이 거리에서 드러난다. 사적인 거리(0.45~1.30m)는 가족이나 가까운 친구들이 대화할 때 형성되는 거리로, 식탁에 둘러앉은 가족들 사이의 거리가 대표적이다. 사회적 거리(1.30~3.75m)는 친구, 지인, 이웃, 동료 등이 일상적으로 대화할 때 형성되는 거리이다. 소파와 안락의자, 커피 테이블로 구성된 거실 한쪽의 응접 공간은 사회적 거리를 상징적으로 보여주는 물리적 풍경이다. 마지막으로 공적인 거리(3.75m 이상)는 공식적인 상황에서 형성되는 간격이다. 예를 들어, 유명인을 둘러싼 군중 속 자리나, 대규모 교양 수업처럼 소통의 방향이 일방적일 때, 또는 어떤 사건이나 공연을 지켜보되 직접 참여하기는 원하지 않을 때가 여기에 해당한다.

작은 규모와 큰 규모 (Small and Large Dimensions)

사람들 사이의 거리, 감정의 강도, 친밀함과 따뜻함은 우리가 물리적 공간의 규모를 받아들이고 느끼는 방식과 놀라울 만큼 닮아 있다. 규모가 작고 아담한 도시나 건축 공간, 좁은 골목과 소박한 장소에서는 건물의 디테일은 물론, 오가는 사람들까지 생생하게 다가온다. 이러한 도시와 공간은 대체로 친밀하다. 반대로, 큰 공간과 널찍한 도로, 높은 건물로 이루어진 곳은 어딘가 차갑고 비인간적으로 느껴진다.

직접 경험할 시간 (Time to Experience)

우리가 사람이나 사건을 인식하려면 그것이 눈높이에 있어야 하는데, 인간의 시각적 한계까지 고려해 볼 때, 또 하나의 중요한 요소가 있다. 타인을 진정으로 경험하려면 눈에 들어온 자극을 마음에 새길 충분한 시간이 필요하다는 점이다. 우리의 감각 기관은, 주로 걷거나 달릴 때, 즉 시속 5~15km 정도에서 주변의 세부적 상황을 감지하고 처리하도록 설계되어 있다. 움직임의 속도가 빨라지면, 우리는 디테일이나 중요한 사회적 신호를 받아들이는 능력을 잃게 된다.

고속도로에서 벌어지는 안타까운 사건들에서 이런 현상이 잘 나타난다. 한쪽 차선에서 사고가 나면, 반대편 차들까지 무슨 일인지 보려고 속도를 시속 8km 정도로 줄이고, 결국 양방향이 모두 정체된다. 비슷한 예는 슬라이드 프레젠테이션에서도 찾아볼 수 있다. 화면이 물리적 거리는 사람들 사이의 관계를 암시하는 데 사용된다. 예를 들어 "가까운 친구", "누군가와 거리를 두고 대하다" 같은 표현은 그 관계에서 형성된 친밀감의 정도를 나타낸다. 대개 작은 공간은 따뜻하고 친근한 느낌을 준다. 작은 규모 덕분에 우리는 타인을 쉽게 보고 들을 수 있으며, 공간 전체의 분위기와 작은 디테일을 동시에 느낄 수 있다. 반대로, 큰 공간은 차갑고 비인격적으로 느껴진다. 그 안에서는 사람뿐만 아니라 건물마저도 "거리를 유지하는 것 같다".

오른쪽: 서호주 퍼스의 런던 코트

아래: 파리 라데팡스

85

너무 빠르게 넘어가면, 청중은 "무슨 내용인지 좀 보고 가자"라며 속도를 늦춰 달라고 요청한다.

두 사람이 서로를 향해 걸어올 때, 처음 상대를 알아본 순간부터 마주칠 때까지 30초가 걸린다. 30초가 흘러가는 동안, 정보의 양과 세부 사항이 점차 늘어나며, 그로 인해 상황에 맞춰 반응할 수 있는 여유가 생긴다. 이 시간이 충분히 확보되지 않으면, 인지하고 대응하기 어렵다. 도로에서 히치하이커(길에서 차를 얻어 타려는 사람)를 본 자동차 운전자가 빠른 속도 때문에, 존재 자체를 알아차리거나 반응할 틈이 없는 것과 같다.

느린 속도, 소규모 공간, 섬세한 디테일은 서로 긴밀히 맞물려 있다.

왼쪽: 네덜란드 마르컨

오른쪽: 덴마크 코펜하겐

자동차 중심의 도시 스케일, 보행자 중심의 도시 스케일 (Automobile City Scale – Pedestrian City Scale)

빠르게 움직이면서 사물이나 사람을 인지하려면, 그 모습은 확대되어야 한다. 따라서 자동차 중심 도시의 간판과 광고판은 보행자 중심 도시와 완전히 다른 규모와 스타일로 디자인된다. 매우 크고 눈에 띄어야 한다. 건물의 덩치는 커졌지만, 세밀함은 사라진다. 어차피 빠르게 스쳐 지나가는 사람들에게 디테일은 보이지 않는다. 특히 사람의 얼굴이나 표정은 너무 작아 거의 알아볼 수 없다.

자동차 중심의 도시와
보행자 중심의 도시
사이의 근본적인 차이는
차의 크기, 특히 속도에
있다. 자동차 안에서
건물이나 간판을
인지하려면 크고 거친
디자인이 필요하다. 시속
80㎞로 달리는 차량
흐름에 맞춘 요란하고
과장된 건축물이 줄지어
서 있는 곳에는 피자
가게, 주유소의 초대형
간판이 이어진다. 빠른
교통과 느린 교통이 한
공간에 공존하는 한, 이
두 움직임 사이의 충돌은
불가피하다.

인간의 삶은 걷는 행위에서 이뤄진다 (Life Takes Place on Foot)

모든 의미 있는 사회적 활동, 강렬한 체험, 대화, 그리고 애정 표현은 사람들이 서 있거나, 앉거나, 누워 있거나, 걷고 있을 때 일어난다는 점이 중요하다. 자동차나 기차의 창문 너머로 보이는 사람은 우리를 스쳐 갈 뿐이다. 진정한 삶의 사건은 걷는 행위와 함께 일어난다. 오직 '걷는 상태'에서만 만남과 정보 교류의 장이 펼쳐진다. 그런 상황에서야 비로소 우리는 걸음을 멈추고, 주변을 찬찬히 살피고, 참여할 여유를 가지게 된다.

덴마크 코펜하겐의 보행자 전용 거리. 인간의 삶은 걷는 행위에서 이루어진다.

고립과 접촉을 고려한 물리적(공간적) 설계 (Physical Planning for Isolation and Contact)

감각과 관련된 가능성과 한계를 종합해 보면, 고립을 줄이고 접촉을 촉진하기 위해, 건축가와 계획가들은 아래와 같은 다섯 가지 방법을 활용할 수 있다.

단절, 고립 (Isolation)	접촉, 교류 (Contact)
차단된 공간 (walls)	개방된 공간 (no walls)
멀리 떨어진 공간 (long distances)	가까이 밀집한 공간 (short distances)
빠른 교통 흐름 (high speeds)	느린 보행 속도 (low speeds)
다층 구조 (multiple levels)	단층 구조 (one level)
타인을 등지는 공간 배치 (orientation away from others)	타인을 마주 보는 공간 배치 (orientation toward others)

이 다섯 가지 원칙을 개별적으로 또는 함께
적용함으로써, 고립과 접촉이 작동하는 물리적 기반을
마련할 수 있다.

물리적 공간 배치는
시각, 청각적 접촉을
촉진하거나 제한할 수
있으며, 그 방식은 적어도
다섯 가지로 구분할 수
있다.

접촉의 촉진

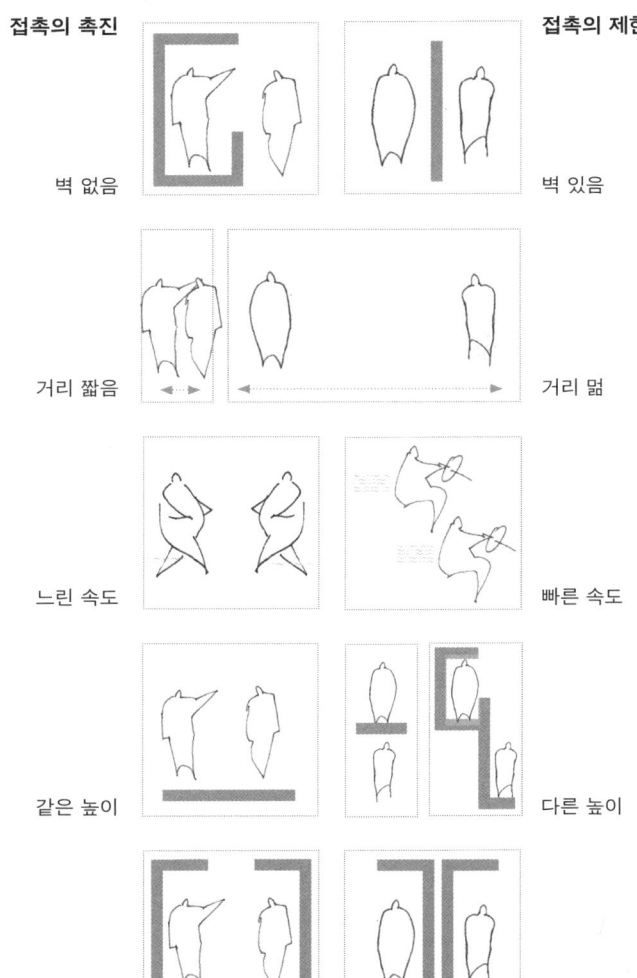

접촉의 제한

벽 없음   벽 있음

거리 짧음   거리 멂

느린 속도   빠른 속도

같은 높이   다른 높이

같은 방향   반대 방향

건물 사이의 삶 — 생성의 과정
(Life Between Buildings — A Process)

건물 사이의 삶 — 자기 강화 프로세스 (Life Between Buildings — a Self-reinforcing Process)

건물 사이의 삶에는 스스로 강화하는 프로세스가 잠재되어 있다. 누군가가 무언가를 시작하면, 다른 사람도 거기에 참여하거나, 최소한 그 장면을 보기 위해 모여든다. 사람과 사건은 이런 방식으로 서로에게 영향을 주고 자극을 받는다. 일단 프로세스가 시작되면, 전체 활동은 그것을 구성하는 단순한 개별 활동의 합을 넘어, 더 크고 입체적인 장면으로 발전한다.

집 안을 보면, 활동의 중심이 움직일 때마다 가족과 그들이 하던 일도 함께 이동한다. 예를 들어 부엌에서 누군가 분주히 움직이면 아이들은 부엌의 바닥에서 논다. 다른 방에서 무언가가 시작되면, 그쪽으로 옮겨간다.

놀이가 어떻게 스스로 확장해 가는지는 놀이터를 보면 쉽게 알 수 있다. 몇몇 아이가 놀이를 시작하면, 그 모습을 본 다른 아이들이 함께 놀고 싶어 하면서, 무리의 규모가 빠르게 커진다. 자기 강화 프로세스가 작동하기 시작하는 전형적인 모습이다.

공공공간에서도 마찬가지다. 사람이 모여 있거나 무언가가 벌어지고 있으면, 더 많은 사람과 활동이 자연스레 보태진다. 옥외 활동의 규모와 지속 시간 모두 점점 확장된다.

**하나에 하나를 더하면
적어도 셋이 된다
(One Plus One Is
Three — At Least)**

네덜란드 건축가 F. 판 클링에런(F. van Klingeren)은
드론턴과 에인트호번의 도심에서 다양한 도시 활동을
의도적으로 결합하거나 혼합하는 자기 강화 프로젝트를
실험했다[11]. 판 클링에런은 도시 전체의 활동 수준이
눈에 띄게 향상되는 모습을 발견했고, "1+1은 적어도 3이
된다"라는 공식으로 요약했다.

**긍정적인 순환 과정:
사건의 발생이
발생을 낳는다(The
Positive Process:
Something Happens
because Something
Happens)**

이 원칙의 인상적인 사례는, 덴마크의 단독주택과
연립주택 지역의 아이들 놀이 패턴 조사에서도
확인되었다[28]. 연립주택 지역의 에이커당 아동의
'밀도'는 넓게 흩어져 있는 단독주택 단지의 두 배였다.
그리고 아동 수가 두 배인 지역에서는 놀이 활동의 수준이
네 배나 높은 것으로 조사되었다. 어떤 일이 일어나면
그에 따라 새로운 일이 일어나고, 그로 인해 또 다른 일이
일어난다.

덴마크 코펜하겐 서부와
호주 멜버른 남부의
주거지역 사례. 사람들은
다른 사람들이 이미 모여
있는 장소로 모이는
경향이 있다. 사람이
모여 있거나 무언가가
벌어지고 있으면, 더 많은
사람과 활동이 자연스레
보태진다.

부정적인 순환:
아무 일이 일어나지
않으니, 아무 일도
일어나지 않는다 (the
Negative Process:
Nothing Happens
because Nothing
Happens)

건물 사이의 삶의 자기 강화 성격은, 왜 신규 주택 단지들이 그렇게 활기 없이 공허해 보이는지를 이해하는 데 도움이 된다. 물론 그곳에서도 몇몇 활동이 일어난다. 하지만 분리된 시간과 공간 속으로 사람과 사건이 흩어져 버려, 각자의 활동이 연결되거나 더 크고 의미 있는 사건으로 발전하기 어렵다. 이러한 상황이 반복되면 부정적 순환의 늪에 빠진다. 아무 일이 일어나지 않으니, 결국 아무 일도 일어나지 않는다.

옥외 공간이 삭막하면 아이들은 집에 머물며 텔레비전만 본다. 노인들 역시 벤치에 앉아 있는 게 즐겁지 않다. 볼거리가 없기 때문이다. 놀고 있는 아이도 적고, 벤치에 앉은 사람도 드물며, 지나가는 이도 거의 없으니 창밖을 내다보는 일조차 흥미롭지 않다. 창밖에는 별로 볼 만한 것이 없다.

이처럼 인간의 활동이 서로를 자극하거나 뒷받침하지 못하면, 건물 사이의 삶은 점차 힘을 잃는다. 이런 부정적 순환은 대표적으로 교외 주택지에서 일어나는데, 실제로 무언가 사건이 발생하더라도 힘없이 분산되어 버리고 만다. 옛 도심에서 재개발로 주차장, 주유소, 대형 금융기관 등이 자리를 차지하는 경우 역시 비슷하다. 사람들의 옥외 활동은 더욱 줄어들고, 도심의 활력도 서서히 사라진다.

주민 수의 감소로 환경이 열악해진 거리에서는 일상적 활동, 즉 주민의 삶과 직접 연계된 활동이 사라진다. 발길이 끊긴 거리는 마침내 생명력을 잃고 무인 지대가 된다. 공공공간의 활력이 사라진 채 더 이상 아무도 거리에 관심을 두지 않게 되면, 기물 파손과 범죄가 늘어난다. 이런 현상은 미국의 여러 대도시에서 광범위하게 나타난다. 제인 제이콥스는《위대한 미국 도시의 죽음과 삶(The Death and Life of Great

American Cities)》[24]에서 이와 같은 사례를 생생히 묘사했고, 오스카 뉴먼(Oscar Newman)이 《방어 가능한 공간(Defensible Space)》[40]에서 이 문제를 구체적으로 분석했다.

유사한 현상은 대부분의 유럽 대도시에서도 발생하고 있다. 범죄나 불안이 문제가 되기 시작하면, 사람들은 당연히 그 거리를 떠난다. 그렇게 악순환의 고리가 완성된다.

아무 일이 일어나지 않는 곳에서는 계속 아무 일도 일어나지 않는다.

건물 사이의 삶 — 사건의 수와 지속성 모두가 중요하다 (Life Between Buildings — Question of both Number and Duration of Events)

건물 사이의 삶에 작동하는 긍정적인 순환 고리를 만들려면 주목해야 할 점이 있다. 사람들의 움직임과 활동은 단순히 일어난 횟수가 아니라, 활동의 양과 머무는 시간에 의해 동시에 결정된다. 중요한 것은 빈도수가 아니라, 사람들이 옥외 공간에서 보내는 시간의 총량이다. 이를 잘 보여주는 예가 있다. 세 사람이 각자 집 앞에서 60분씩 머무르면, 그 시간 동안 공간에는 세 사람이 있게 된다. 서른 명이 각각 6분씩 머물 때도 총 야외 체류 시간은 같다(30 × 6 = 180분). 숫자만 보면 두 경우 모두 평균 세 명이 머문 셈이다.

옥외 공간 활동의 수준을 한 장소의 사람 수나 활동 수만으로 판단하면 안 된다. 우리가 체감하는 실제 활동의 질에는 체류 시간의 지속성이 큰 몫을 차지한다. 따라서 활동의 수준을 높이려면 일단 더 많은 사람이 공공공간을 찾게 하고, 그다음에는 한 사람이라도 더 오래 머무르게 해야 한다. 이 두 가지가 함께 이루어질 때 공공공간은 살아난다.

느린 교통이 도시의 활기를 불러온다 (Slow Traffic Means Lively Cities)

이동 속도가 시속 60km에서 6km로 줄어들면, 눈에 들어오는 사람의 수는 열 배쯤 많아 보인다. 시야에 머무는 시간이 그만큼 길어지기 때문이다. 이것이 크로아티아의 두브로브니크(Dubrovnik)나 베네치아 같은 보행자 중심 도시에 활력이 유지되는 핵심 이유다. 움직임이 느리다는 사실만으로도 이곳의 거리에는 생동감이 넘친다. 빠른 속도가 그곳의 활동을 위축시키는 자동차 중심 도시와 대비된다.

사람들이 걸어서 다니는지, 차를 타고 이동하는지, 또 자동차를 현관에서 5m, 100m, 200m 떨어진 곳에 주차하는지에 따라, 공간의 풍경과 이웃을 만날 기회의 횟수가 달라진다. 차를 현관에서 멀리 주차할수록 집으로 가는 길에 사람이나 활동을 우연히 마주칠 가능성이 커진다. 느린 교통이야말로 도시의 활력을 키우는 핵심이다.

옥외 체류 시간이 길수록 주거지와 도시 공간은 활기를 띤다 (Lengthy Stays Outdoors Mean Lively Residential Areas and City Spaces)

공공공간 활동의 지속 시간은 활동 수준에 큰 영향을 미친다. 사람들이 공공공간에 오래 머무르고 싶어지면, 소수의 사람과 몇 가지 활동만으로도 공간은 활기를 띤다. 주거지역의 옥외 활동 조건이 개선되어 하루 평균 체류 시간이 10분에서 20분으로 늘어나면, 그 지역의 활동 수준은 두 배로 높아진다.

중요한 것은 얼마나 많은 사람이 그곳을 지나가는지가 아니라, 얼마나 오래 머무는가이다. 차 대신 걸어서

분당 통행량은 85명으로
같은 고속도로와 보행자
거리. 그러나 보행자
거리에서는 특정 시점에
눈에 들어오는 사람
수가 고속도로보다 20배
이상 많다. 이곳에서
사람들은 앉아 있거나
서 있다. 이동 속도는
시속 100㎞가 아닌 5㎞에
불과하다.

이동하면 평균 이동 시간이 약 2분 늘어난다. 그러나 걷는
동안 다양한 만남과 접촉이 이루어지면서 옥외 공간에
머무는 시간은 10분, 20분으로 늘어난다. 단순 이동 시간
증가의 다섯 배에 해당하는 효과다. 사람들이 옥외에
오래 머무를수록 그곳은 더 활기를 띤다. 이 효과는 느린
교통이 주는 활력보다도 훨씬 뚜렷하다.

머무는 시간이 활동 수만큼 중요하다. 이는 인구 밀도가
높은 고층아파트 단지에서 왜 옥외 활동이 거의 일어나지
않는지를 설명해 준다. 주민들은 수없이 오가지만, 정작
옥외 공간에 머무를 기회는 부족하다. 머물 만한 장소도,
할 만한 일도 마땅치 않다. 결국, 체류 시간이 짧아지면서
활동의 수준도 낮아진다. 작은 앞마당이 딸린 연립주택과
비교해 보면, 거주 인원은 상대적으로 적지만 집 주변의
활동은 훨씬 활발하다. 주민 한 사람이 옥외 공간에서
보내는 시간이 대체로 길기 때문이다.

거리의 삶, 사람과 활동의 수, 그리고 야외에서 보내는 시간 사이의 관계는, 건물 사이의 삶을 어떻게 개선할 수 있는지를 보여주는 핵심 열쇠다. 해답은 바로 옥외 공간에 오래 머물 수 있도록 체류 조건을 개선하는 데 있다.

위: 코펜하겐의 겨울 풍경

아래: 코펜하겐의 여름 풍경

여름에는 사람들이 거리에서 머무는 시간이 길어지면서 거리에 활기가 돈다. 이들은 서 있거나 앉아 대화를 나눈다. 걷는 속도는 겨울과 비교하면 20% 느리다. 하루 보행자 수가 같더라도, 머무는 시간이 늘어나면 순간적으로 거리에서 볼 수 있는 사람 수가 5배, 많게는 10배까지 많아진다. 결국, 사람들이 옥외 공간에 얼마나 오래 머무르느냐가 도시 활력의 정도를 좌우한다.

3. 모을 것인가, 분산시킬 것인가
―도시 및 부지 계획
(TO ASSEMBLE OR DISPERSE
―CITY AND SITE PLANNING)

- ▶ 모을 것인가, 분산시킬 것인가
- ▶ 통합할 것인가, 분리할 것인가
- ▶ 초대할 것인가, 밀어낼 것인가
- ▶ 개방할 것인가, 폐쇄할 것인가

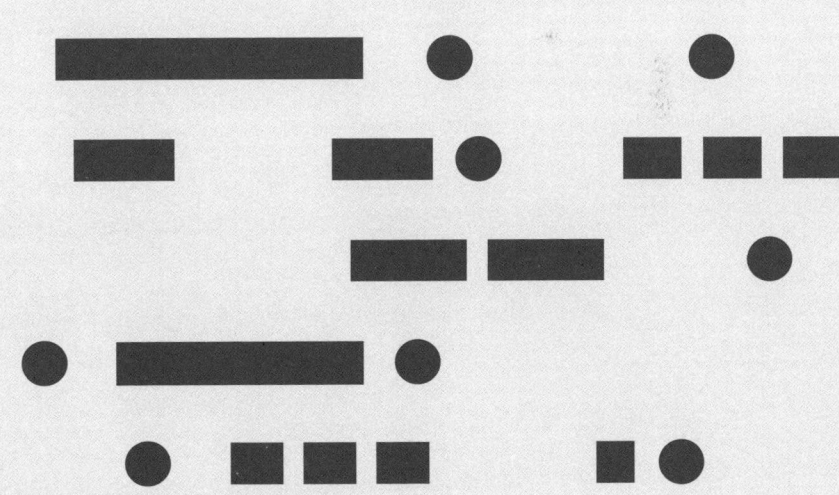

모을 것인가, 분산시킬 것인가
(To Assemble Or Disperse)

집중 또는 분산
(to Assemble or
Disperse)

이미 언급한 것처럼, 활동과 사람이 한 공간에 모이면 각 활동이 서로를 자극하면서 공간은 활기를 띤다. 그 안의 사람들은 다른 활동을 보고 참여하거나 새로운 경험을 할 기회를 얻는다. 이렇게 자기 강화의 순환이 시작된다.

3장에서는 사람과 활동을 어떻게 한곳에 모을 것인지, 또는 어떻게 분산시킬 것인지를 살펴본다. 그리고 각 상황에서 적절히 판단하고 설계할 수 있는 기준과 배경을 제시하는 것이 목표다. 때에 따라 모으고 분산시키는 두 가지 목표 모두 중요할 수 있다.

이어지는 내용에서 모으는 문제를 중점적으로 다룬다고 해서, 언제나 그것을 추구해야 한다는 뜻은 아니다. 오히려 많은 경우, 모으지 않아야 할 충분한 이유가 있다. 예를 들어, 도시 활동을 특정 지역에만 집중시키지 않고 널리 퍼뜨리거나, 활기찬 공간 옆에 조용히 쉴 수 있는 공간을 함께 마련하는 것이다. 대도시에서 흔히 볼 수 있는 고층 건물, 각종 시설, 인구의 과도한 밀집은 여러 면에서 바람직하지 않은 집중의 전형이다. 꼭 이렇게까지 밀집시켜야 할 필요는 없다.

그런데도 모으는 것의 중요성을 강조하는 이유는, 활동을 모으는 일이 분산시키기보다 훨씬 어렵기 때문이다. 게다가 현대 사회의 발전 방향과 도시계획의

관행은, 신도시든 구도시든 사람과 활동을 분산시키는
방향으로 흘러왔다.

활동을 모으는
것(왼쪽)과 분산시키는
것(오른쪽)의 개념도

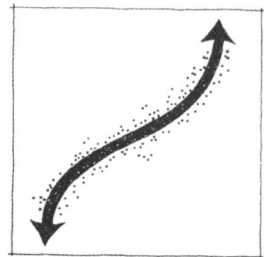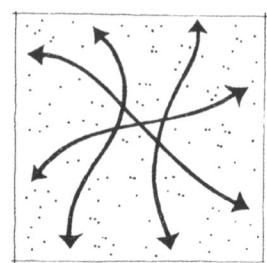

스위스 베른의 할렌
주택단지(Siedlung
Halen). 사람과 활동이
합리적으로 배치되면,
공적 활동뿐 아니라
사적인 생활환경까지
함께 개선된다. 주거의
한쪽에는 거리가 있고,
다른 쪽에는 작은 숲이
조성될 수 있다.

**사람과 활동을 모으는
것 (Assembling
People and Events)**

핵심은, 모아야 할 것은 건물이 아니라 사람과 활동이라는
점이다. 용적률이나 건물 밀도 같은 개념만으로는 인간
활동이 적절히 집중되어 있는지 설명할 수 없다.
　인체 치수를 고려해 건물을 적절히 설계하는 것은
매우 중요하다. 사람이 걸어서 갈 수 있는 거리의 한계와 그 안에서 얼마큼 보고 경험할 수 있는지는 밀접하게 연결되어 있다. 복잡한 도로망을 따라 수많은 주택이 배치된 '저층 고밀도(dense-low)' 주거 단지는 건물 밀도가 높지만 그렇다고 활동이 저절로 집중되지 않는다.

반대로, 집들이 길 양쪽으로 이어진 마을 거리에서는 지속적이고 뚜렷한 활동의 흐름이 형성된다. 이 차이를 만드는 핵심 요소 중 하나는 건물의 배치와 출입문의 방향이다. 출입문이 보행로와 옥외 체류 공간을 향하고 있는지가 중요하다.

보행자의 일반적인 활동 반경은 400~500m로 제한된다. 다른 사람이나 활동의 진행을 볼 수 있는 거리는 대략 20~100m 정도이기 때문에, 활동이 활발히 이어지려면 상당히 높은 수준의 밀집도가 필요하다. 집에서 약 500m 남짓의 짧은 산책으로 다른 사람이나 활동을 만날 수 있고, 주요 서비스 기능에 닿으려면, 도로와 기능의 위치를 주의 깊게 집중시켜야 한다. 중요하지 않은 기능이 과도하게 공간을 차지하거나, 서비스 시설까지의 거리가 조금만 멀어져도 풍요로울 수 있는 경험은 금세 단조롭고 빈약해진다. 결국, 모든 건물의 파사드와 보행로 하나하나까지 세심하게 다루는 것이 절대적으로 필요하다.

큰 규모, 중간 규모, 작은 규모 (the Large, the Medium, and the Small Scale)

사람과 활동을 모으거나 분산하는 문제는 폭넓은 관점에서 검토해야 한다. 도시나 지역계획 같은 큰 규모, 부지 계획 같은 중간 규모, 그리고 작은 규모에서의 설계는 서로 밀접하게 연결되어 있다. 큰 규모의 계획 단계에서, 적절히 작동하고 활용될 수 있는 조건이 전제되지 않으면, 소규모 차원에서 아무리 노력해도 한계에 부딪힌다. 각 규모 간의 상호 소통과 관계가 중요한데, 모든 계획 단계에서 내려진 결정은 결국 소규모 단계, 즉 개인의 일상적이고 직접적인 환경에서 평가되기 때문이다. 도시와 건축 프로젝트의 품질을 높이는 싸움은 소규모 단위에서 승부가 갈리며, 이를 위한 준비는 큰 규모를 포함한 계획의 모든 단계에서 이루어져야 한다.

모을 것인가, 분산시킬 것인가 — 대규모 계획에서 (to Assemble or Disperse — at the Large Scale)

대규모 도시계획의 경우, 주거지, 공공시설, 산업, 상업 기능이 분리되어 배치되면, 사람과 활동은 자연스럽게 분산된다. 기능 분리형 도시는 구역에서 구역으로 이동할 때 자동차에 의존할 수밖에 없어, 사람과 활동을 한곳에 모으기 어렵다. 사람과 활동의 분산은 전 세계 거의 모든 교외 주택 지역에서 공통으로 나타나며, 특히 무분별하게 확장된 로스앤젤레스 외곽지역에서는 이러한 문제현상이 지속해서 나타난다.

이와 대조되는 것은 뚜렷한 패턴 속에서 사람과 활동을 모으는 도시 형태다. 공공공간이 도시계획의 가장 중요한 요소로 작용하고, 모든 기능이 거리를 향해 효과적으로 배치된다. 이런 도시 구조는 대부분의 옛 도심에서 발견되며, 최근 몇 년 사이 유럽의 신도시 계획에서도 다시 주목받고 있다. 스톡홀름 남쪽의 신도시 스카르프넥(Skarpnäck)[46]은 그 흥미로운 사례 중 하나다. 스카르프넥 거리와 광장은 다시금 도시의 핵심 축이 되었고, 모든 기능이 그 주변에 자리 잡았다(107쪽 참조).

모을 것인가, 분산시킬 것인가 — 중간 규모의 계획에서 (to Assemble or Disperse — at the Medium Scale)

중간 규모, 즉 부지 계획 차원에서 볼 때, 건물을 서로 떨어뜨리고 입구와 주택의 방향을 반대로 배치하면 사람과 활동은 흩어진다. 이 현상은 전형적인 단독주택 지역과 기능적으로 설계된 아파트 단지에서 공통적으로 나타난다. 두 경우 모두 보도와 보행로는 연결되지만, 지나치게 넓은 개방 공간 때문에 옥외 활동은 위축된다.

대신, 건물과 기능을 배치할 때 공공공간 체계를 최대한 밀집시키고, 보행자의 이동 거리와 감각적으로 경험할 수 있는 거리를 줄이면 사람과 활동이 집중된다. 이 원칙은 1930년 이전에 형성된 도시 대부분과 최근의 많은 주택 단지 프로젝트에서 찾아볼 수 있다. 간결하고도 잘 구성된 형태는, 모든 건물이 중앙 광장을 중심으로 모여 있는 작은 마을에서 발견된다.

광장을 중심으로 형성된 도시 (the Town That Is Square)

로마 동쪽의 산 비토리노 로마노(San Vittorino Romano)와 체코슬로바키아의 텔치(Telč)는 이러한 형태의 초기 사례다. 현대의 예로는 클러스터 하우징(cluster housing)과 북유럽의 코하우징(cohousing) 프로젝트가 있다. 전통 부족 캠프에서부터 오늘날의 야영장까지 역사 전반에 걸쳐 이어져 내려온 조직 원리를 적용한 것이다.

건물, 출입구, 천막 등은 마치 식탁에 둘러앉은 친구들처럼, 공공공간을 중심으로 서로 마주 보고 있다. 광장을 중심으로 설계된 주거 단지는 대체로 수용 인구가 제한적이라는 특징이 있다. 인구가 지나치게 많아지면 공간 전체의 규모가 커져, 광장 주변에 모인 사람들이 더는 광장의 중심을 공유할 수 없다. 그 결과, 광장에서 벌어지는 활동이 한눈에 들어오지 않는다.

비토리노 로마노 평면도,
비토리노 로마노 전경

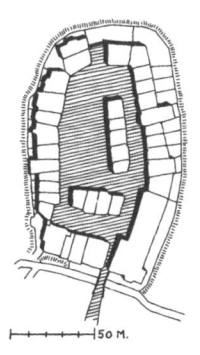

체코 텔치(Telč)사진과
텔치 평면도

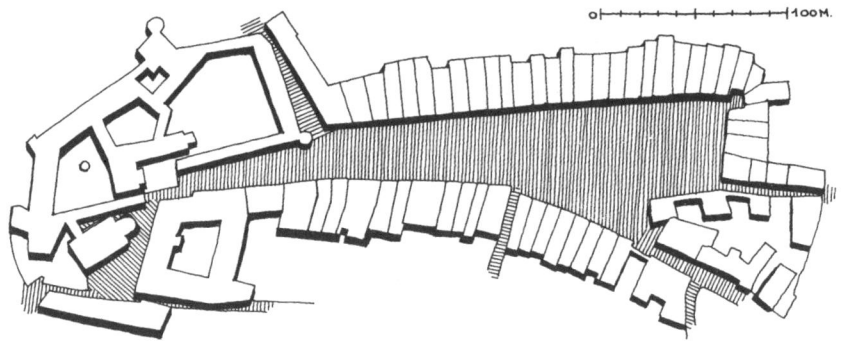

**주요 거리를 따라
형성된 마을 (the
Town That Is a
Street)**

이러한 맥락에서 저층 건물이 줄지어 선 거리는, 인간의
움직임이 지닌 한계와 정면적, 수평적 감각 체계가
자연스럽게 빚어낸 도시 조직의 가장 기본적인 형태이다.
활동이 거리의 흐름을 따라 이어질 때, 사람들은 짧은
산책만으로도 이 지역에서 어떤 일이 일어나고 있는지를
쉽게 파악할 수 있다.

　이러한 건축 원리는 하나의 거리를 중심으로 형성된
마을에서 가장 순수한 형태로 드러난다. 주요 거리를
따라 형성된 전통적인 촌락 구조가 그 예이다. 이 원리를
근래에 구현한 사례로는, 스웨덴 에슬뢰브(Eslöv)의
건축가 피터 브로베리(Peter Broberg)가 설계한
고르드소크라(Gårdsåkra) 마을이 있다. 이곳에서는
모든 주거와 출입구, 학교, 공공건물, 그리고 공방과
사무실이 하나의 거리를 따라 모여 있다. 선형 구조(linear

structure)를 채택함으로써, 거리 전체를 유리 지붕으로 덮어 사계절 내내 기후로부터 보호되는 공공공간으로 만들 수 있었다. 간결하고 거리 중심적인 배치 원리는 최근 스칸디나비아의 여러 주거 단지에서도 되풀이되어 나타나고 있다. 그곳에서 '도시'란, 거리를 따라 이어진 집들이 만들어내는 하나의 선형적 공간이다.

독일 북부 아르니스 전경. 주요 거리를 따라 형성된 마을이다.

코펜하겐 북쪽에 있는 협동조합 주택 세테담멘 평면도(Sættedammen) [48]. 공동체 생활을 중시하는 태도가 주거 단지의 배치 방식에 잘 나타난다. T. 비에르와 P. 뒤레보리 건축, 1970.

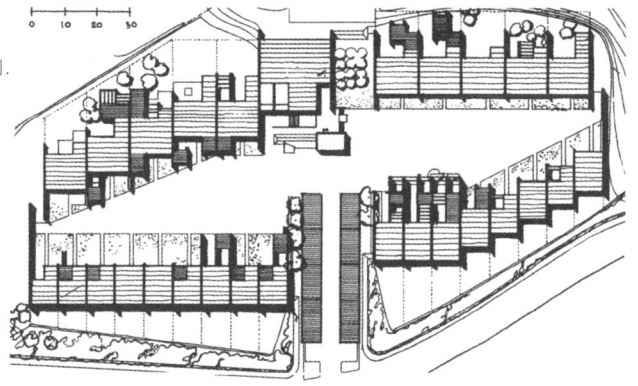

스웨덴 에슬뢰브 고르드소크라(Gårdsåkra) 전경. 피터 브로베리 건축, 1980~1982.

위: 고르드소크라 구조도. 사계절 내내 기후로부터 보호되는 공공공간과 일조량을 골고루 받을 수 있는 구조로 만들어졌다.

아래: 고르드소크라 조감도. 모든 세대가 유리 지붕으로 덮인 거리를 따라 배치되어 있다.

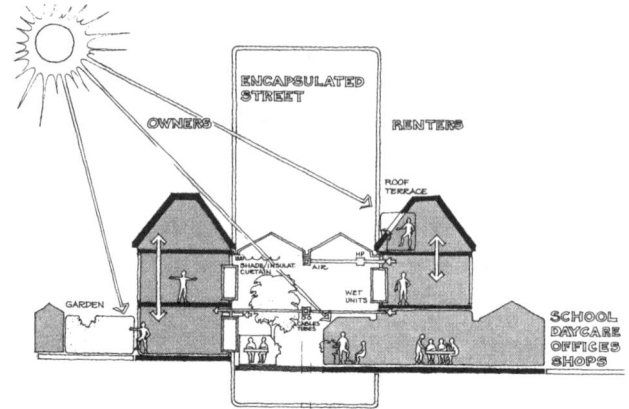

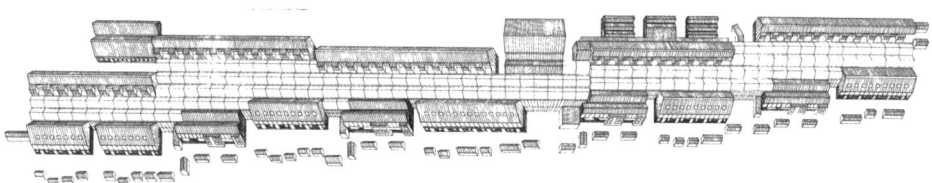

거리와 광장이 함께 있는 도시 (Cities with Streets and Squares)

대규모 건축 프로젝트에는 옛 도심에서 볼 수 있듯, 주 통행로, 골목길, 중심 광장, 보조 광장과 같은 세분된 요소가 포함되어야 한다. 이 원리는 때때로 도시 외곽의 주택 지역이나 기능주의적 주택 단지에서도 발견되지만, 대부분은 계획 의도가 제대로 구현되지 않는다. '거리(street)'는 그저 도로(road)로, '광장'은 거대하고 무색무취한 공터가 되어 사람들을 찾아볼 수 없다. 과도한 규모 설정, 불필요한 진입로의 중복과 확장 등 잘못된 설계로 인해, 사람들의 활동은 시간적으로 공간적으로 분산된다.

친근하고 쓰임새 있는 공공장소가 자리 잡지 못하는 이유는 보행자나 거주자가 없어서가 아니다. 옛 도심에서 흔히 볼 수 있는 집중된 도로망 대신, 여러 갈래로 분산된 도로나 통행로를 만들어 버리기 때문이다.

역사적으로 거리와 광장은 언제나 도시의 기본

스카르프넥 도시
개념도(위)와
평면도(아래). 지상
레벨에는 사무실, 작업장,
공동 시설이 배정되었다.

파리 라빌레트(La
Villette)의 설계 공모에
출품된 프로젝트. 집들이
흩어져 있는 교외형
개발에서 벗어나, 거리와
광장을 가진 밀집된 도시
패턴으로 가려는 흐름이
현대 유럽의 도시계획
정책에서 분명히
드러난다. 레온 크리어
작품[30]

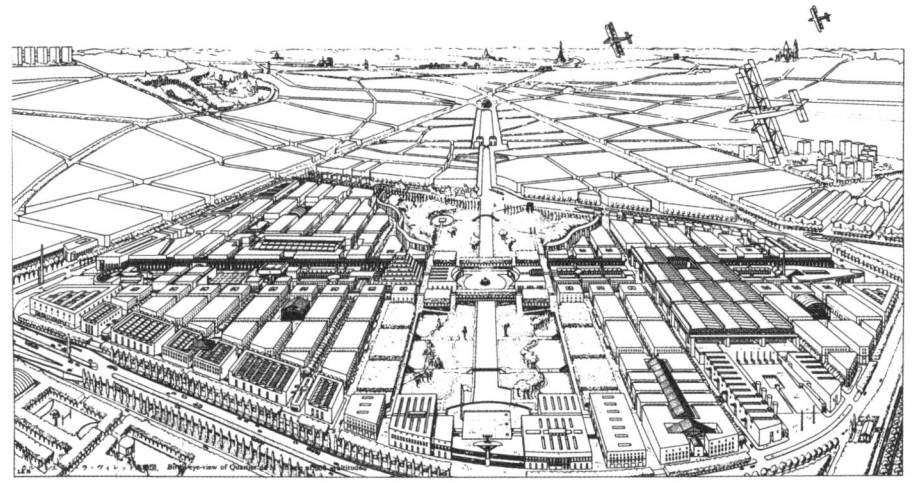

요소였다. 그 가치는 이미 수 세기에 걸쳐 입증되었다. 오늘날 대부분의 사람들은 거리와 광장을 '도시'라는 현상의 본질로 여긴다.

선형적 이동 패턴에 기반한 거리, 그리고 공간을 한눈에 조망할 수 있는 광장은 단순하지만, 매우 중요한 목표다. 다행히 최근 몇 년 사이 이 원리가 다시 주목받고 있다. 레온 크리어(Léon Krier)의 프로젝트와 이론적 고찰, 로프 크리어(Rob Krier)의 베를린 신도시 지역, 네덜란드의 알메러 신도시(Almere New Town), 헬싱키의 스카투덴(Skatudden), 그리고 스톡홀름 인근의 스카르프넥 신도시(Skarpnäck New Town) 같은 북유럽의 사례는, 역사적으로 거리와 광장을 중심으로 했던 도시설계의 원리가 흥미롭게 부활하고 있음을 보여준다.

스카르프넥 중심가. 스웨덴 스톡홀름 도시계획국이 1982~88년 스톡홀름 남쪽에 조성한 신도시로, 약 1만 명을 위한 민간 및 공공 주택 단지로 구성되었다. 레이프 블롬퀴스트 & 에바 헨스트룀 건축

모을 것인가, 분산시킬 것인가 — 소규모 공간에서 (to Assemble or Disperse — at the Small Scale)

옥외 공간과 그에 인접한 건물의 파사드를 설계할 때는, 사람들이 머물고 걷고 어울리는 활동이 자연스럽게 생겨나고 또 지속될 수 있도록, 작은 요소 하나까지 신중하게 계획해야 한다. 개별적인 기능과 활동을 사례별로 평가한 다음, 매력도와 옥외 공간 운영에서의

일반적으로 옛 도심의 공간 규모는 인간의 감각 체계와 이용 인원에 맞춰 세심하게 조율되어 있었다. 그러나 최근에 조성된 자동차 중심의 대규모 커뮤니티, 또는 동일한 도면에 따라 획일적으로 설계된 주거 단지에서는 휴먼 스케일에 대한 세심한 배려를 찾아보기 어렵다.

① 캐나다 온타리오주 토론토의 폭 24m 교외 도로. 이런 과도한 폭의 도로는 주택과 주택, 사람과 사람 사이에 불필요한 공백을 만들어낸다.

② 네덜란드 마르컨(Marken). 인간의 감각 체계에 호응하는, 드물고 예외적인 사례들 가운데 하나다.

③ 코펜하겐의 최근 주택 단지에 조성된 폭 4m의 진입로. 폭 4m면 분당 50~60명의 보행자 흐름을 충분히 수용할 수 있다. 이보다 넓어질 이유가 없다!

④ 싱가포르의 길거리 시장. 전 세계적으로 시장 좌판 사이의 간격은 보통 2~3m다.

중요도에 따라 전면 부지를 할당해야 한다. 사람이
움직이고 감지할 수 있는 범위는 늘 한정적이기에,
거리에서의 한 걸음, 외벽의 짧은 구간, 공간의 미세한
부분까지 고려해야 한다.

모을 것인가,
분산시킬 것인가
— 공간적으로
(to Assemble
or Disperse —
Spatially)

소규모 활동이라도 공간이 지나치게 넓으면 분산된다.
예를 들어, 규모가 크지 않은 주거 단지에서 흔히 볼
수 있는 폭 20~40m의 보행자 거리나, 길이와 폭이
40~60m인 광장은 이용자 수와 활동에 비해 지나치게
크다. 이런 공간에서는 끝과 끝이 멀어 서로의 활동을
한눈에 파악하기 어렵다. 반대로, 거리와 광장의 크기를
인간의 감각 범위와 예상 이용 인원에 맞춰 설계하면,
다양한 활동이 모이고 자연스레 이어진다.

시장이나 백화점에서 판매대 사이의 간격은 보통
2~3m다. 양쪽에서 물건을 사고팔 수 있으며, 진열된
상품을 한눈에 살필 수 있는 동시에, 사람들이 오가기에도
충분하다. 베네치아의 평균 거리 폭은 약 3m로, 분당
40~50명이 오갈 수 있는 규모다.

공간이 작아질수록 경험의 밀도는 높아진다. 이것이
공간을 신중하게 설계해야 하는 또 하나의 이유다. 작은
공간에서는 전체와 세부를 한눈에 볼 수 있어, 말 그대로
두 세계의 장점을 모두 누릴 수 있다. 물론, 베네치아
같은 좁은 골목길을 새롭게 설계될 모든 거리의 직접적
본보기로 삼아야 할 필요는 없다. 다만, 베네치아의 사례는
오늘날 도시 공간이 필요 이상으로 크게 설계되었음을
말해 준다. 계획가나 건축가는 작은 규모와 공간을 어떻게
다뤄야 할지 막막할 때마다, 혹시 모를 상황에 대비해
폭과 면적을 덧붙이는 것일까? 하지만, 확신이 없을 때는
오히려 덜어내는 편이 낫다.

바르셀로나
람블라(Rambla)의
넓은 보행 공간. 나무와
파빌리온이 어우러져,
걷고 싶은 공간이 되었다.

**큰 공간 속에 마련된
소규모 공간들 (Small
Spaces in Large
Ones)**

북유럽 국가에서는 기후 조건 때문에 옥외 공간의 규모를
정하기 쉽지 않다. 작은 공간에 높은 건물이 들어서면
어둡고 햇빛이 들지 않는 공간이 만들어진다.
남유럽에서는 적당한 그늘과 은은한 빛이 쾌적할 수
있지만, 북유럽에서 빛과 햇살은 매우 소중한 자원이다.
그렇다고 햇빛이 드는 열린 공간과 사람이 모일 수 있는
아담한 공간이 양립할 수 없는 것은 아니다. 계단식 건물
설계(terracing of buildings)나 넓은 공간 속에 작은 공간을
마련하는 방식으로 두 마리 토끼를 잡을 수 있다.
가로수가 늘어선 거리는 '큰 공간 속 작은 공간' 원칙이
얼마나 유효한지 보여준다. 연립주택 앞마당 역시 햇살이
드는 넓은 공간과 적당히 좁고 아늑한 거리 공간을 동시에
만들어낸다.

가로수는 탁 트인 공간에
친밀하고 인간적인
스케일을 만들어낸다.

**모을 것인가,
분산시킬 것인가
– 파사드를 따라서
(to Assemble or
Disperse along the
Facade)**

파사드와 주변 공간을 잘 설계하면 사람들의 활동 밀도와
집중도를 높일 수 있다. 활동을 집중시키려면 거리와
파사드 사이에 활발하고 촘촘한 교류 공간을 만들고,
출입구 근처에 또 다른 기능을 배치해야 한다. 이런
요소가 주변 공간에 활력을 불어넣는다.

반대로, 출입구의 숫자가 적고 방문객이 거의 없는
긴 파사드의 대형 건물은 인간의 활동을 흩어지게 한다.
따라서 바람직한 설계 원칙은 가능하면 파사드를 작은
단위로 나누고, 출입구를 많이 두는 것이다.

**모을 것인가,
분산시킬
것인가 – 도시 거리의
파사드를 따라서
(to Assemble or
Disperse along
the Facade in City
Street)**

도시의 거리에서 인간의 활동을 분산시키지 않고
모으려면, 대형 건물이나 상점, 은행, 사무실의 출입구를
반드시 공공공간을 향한 파사드에 배치해야 한다.

작은 규모의, 활발한 점포들이 대규모 점포로 대체될
때 거리에서의 활동은 급격히 줄어든다. 주유소, 자동차
판매점, 주차장이 대표적으로, 이것들은 도시라는 큰 그림
위에 크고 작은 구멍을 만들어내곤 한다. 거리의 활력은
급격히 위축된다. 사무실과 은행 같은 수동적인 업장들이
들어올 때도 마찬가지다.

앞서의 크고 작은 공백을 피하려면 신중한 기획이
필요하다. 대규모 시설을 파사드 뒤편이나 위층에 두고,
작은 것들은 아래층에 배치하는 하는 것이다. 파사드에는
시설의 다양한 기능과 연결되는 출입구만 배치하고, 그
옆에 사람들이 가장 흥미있어 할 만한 활동을 곁들이는
것이다. 이 원칙을 잘 보여주는 곳은 옛 영화관이다. 거리
쪽에는 매표소와 광고 시설만 드러나고, 상영관은 눈에
보이지 않는 곳에 꼭꼭 숨어 있다. 은행이나 사무실을
거리에 직접 닿게 배치할 수 밖에 없다면, 반드시 이
방식을 적용해야 한다.

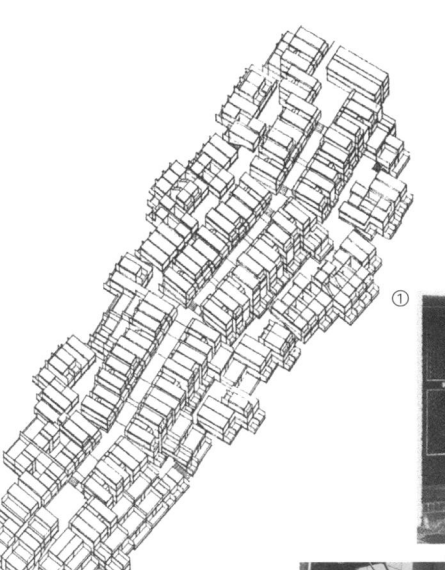

노르웨이 뢰로스(Røros) 확장을 위한 설계 공모 프로젝트. 건물의 파사드 폭을 좁게 설계하면 출입문 사이의 간격이 짧아지고, 보행 거리가 줄어들며 거리가 활기를 되찾는다.

① 전면 폭이 좁아지면 출입구 간 간격이 짧아지고, 출입구에서는 자연스럽게 주요 활동이 일어난다.

② 출입구 없이 길게 이어진 파사드. 거리에서의 활동은 급격하게 줄어든다.

③
네덜란드 암스테르담의 자바섬(Java Island). 좁은 파사드 폭과 다양한 출입구는 활동을 모으는 핵심 원칙이다.

④
스웨덴 스톡홀름 옛 도심 거리. 세계 곳곳의 쇼핑 거리를 보면, 100m 구간 안에 대개 15~25개의 가게가 들어서 있다. 도시의 거리에서는 파사드 폭을 신중히 계획하는 것이 중요하다.

'지루하고 생기 없는 파사드'라는 문제를 해결하기 위해, 덴마크 여러 도시에서는 은행과 사무실의 1층 입점을 제한하는 건축 법규를 통과시켰다. 법규가 통과되지 않은 도시에서는, 전면 폭을 5m 이하로 제한하는 방법으로 문제를 효과적으로 관리하고 있다.

각 가게에 가능한 좁은 전면을 할당하는 방식은 도시 외곽의 신축 쇼핑몰에서도 찾아볼 수 있다. 보행자는 대체로 오래 걷기를 원하지 않기 때문에, 쇼핑몰 설계자는 전면 폭을 줄여 짧은 거리 안에 최대한 많은 가게를 배치한다.

좁고 깊은 부지와 전면 공간을 신중하게 활용하면, 건물이 인도나 보행로를 마주할 때 생기는 '자투리 공간'이나 '쓸모없는 공간'을 줄일 수 있다. 이 원칙은 주거지에도 똑같이 적용된다. 전통적인 연립주택 단지, 스위스 베른의 할렌 주택단지(Siedlung Halen, 100쪽 그림 참조)나 암스테르담 항구의 자바섬(Java Island), 보르네오섬(Borneo Island), 스포렌부르흐섬(Sporenburg Island) 같은 주거 단지에서 볼 수 있다.

한 층에 모을 것인가, 여러 층으로 분산할 것인가 (to Assemble on One Level — or Disperse over Several Levels)

분산과 집중의 문제는 층수 선택에서도 나타난다. 활동을 한 층에 모을지, 여러 층으로 나눌지를 결정해야 한다. 문제는 단순하다. 같은 층에서 이루어지는 활동은 인간의 감각 범위 안에 있다. 즉 대략 20~100m 반경 안에서 경험할 수 있고, 활동 간 이동도 쉽다. 한 층만 높아져도 그곳에서 벌어지는 일을 경험할 가능성은 크게 줄어든다. 그래서 예부터 나무에 오르는 건 몸을 숨길 수 있는 최고의 방법이었다. 낮은 층의 활동은 상대적으로 덜 문제가 되는데, 내려다보는 것은 올려다보기보다 쉽기 때문이다. 하지만 물리적으로도 심리적으로 참여하거나 상호작용을 하기는 여전히 어렵다.

영국 코번트리
(Coventry)시 중심부.
보행자들이 주로
지상층만 이용한다.

저층 건물로 이루어진
거리에서는 모든 곳에
시야가 닿는다. 저층
건물은 사람들이
움직이며 감각을 온전히
활용하기에 적합하다.

고층 건물이 늘어선
거리에서는 지상층만이
눈에 들어온다. 공간이
눈에 들어오지 않으면
사람들은 그곳을
이용하지 않는다.

여러 층으로 분산된,
사람의 활동이 사라진
거리 공간. 로스앤젤레스

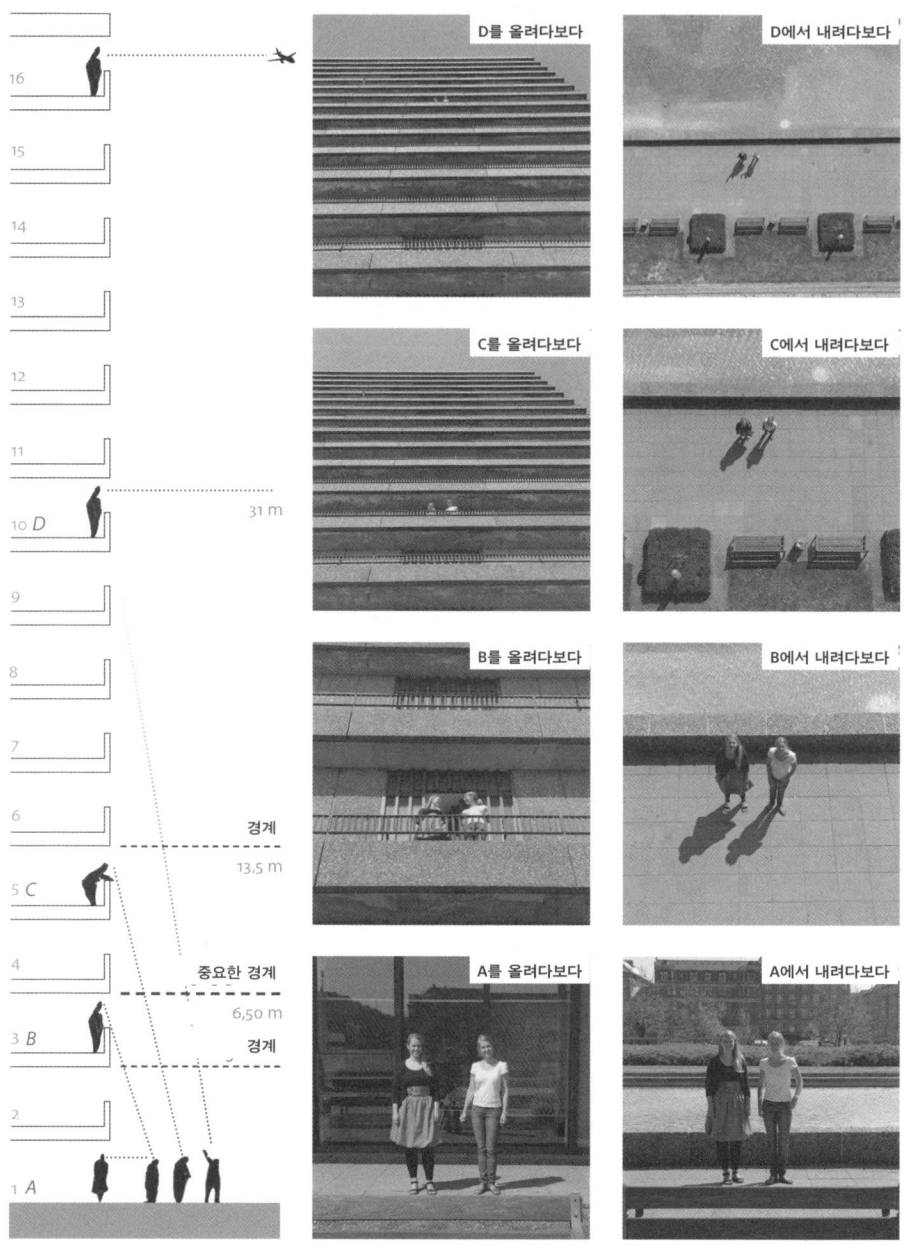

고층 건물의 경우를 보자. 지상층에서 일어나는 의미 있는 활동과 만남이 가능한 것은 대체로 처음 몇 개 층까지다. 3~4층에서는 지상층과의 연결 가능성이 눈에 띄게 약해지고, 5~6층 사이에 이르면 뚜렷한 경계가 생긴다. 그 이상 올라가면, 지상에서 벌어지는 일과는 완전히 단절된다.

싱가포르의 거리 풍경. 거리의 저층 건물은 사람들의 이동 방식과 감각의 작동 방식에 잘 맞지만, 고층 건물은 그렇지 않다.

고층부 공공공간이 어떻게 이용되는지는 윌리엄 H. 화이트(William H. Whyte)가 뉴욕에서 진행한 연구에서 잘 드러난다 [51]. 그는 이렇게 말했다. "시야는 중요하다. 공간이 눈에 들어오지 않으면 사람들은 그곳을 이용하지 않는다." 지하 공간에 대해서도 분명히 했다. "특별한 이유가 없다면 오픈 스페이스는 지하로 내려가서는 안 된다. 몇몇 예외를 제외하면, 지면보다 낮게 조성된 성큰 플라자(sunken plaza)는 대부분 죽은 공간이다."

따라서 원칙적으로, 서로 다른 층에 활동을 쌓아 올려 모으려는 시도는 바람직하지 않다. 전망대는 높게 세울 수 있지만, 사람을 모으는 활동은 그렇지 않다. 억지로 시도하면 실망스러운 결과를 낳는다. 거리에서는 50~100m 떨어진 기능끼리도 자연스럽게 연결되지만, 위아래로는 고작 3m 차이만 나도 연결이 끊긴다.

이러한 관점에서 저층 건물과 고층 건물에 대해 논의해

볼 수 있다. 저층 건물은 사람들이 움직이며 감각을
온전히 활용하기에 적합하지만, 고층 건물은 그렇지 않다.

고가 보행로(skywalk)와 발코니형 출입구는 사람과 활동을 분산시키지만, 계단식 출입구는 사람을 주변 거리로 모은다.

위: 스코틀랜드 에든버러(Edinburgh)의 주거 단지. 사람과 활동이 분산되어, 삭막하고 텅 빈 공간이 되었다.

아래: 퀘벡주 몬트리올(Montreal)의 주거 지역. 발코니와 계단이 거주자와 활동을 자연스럽게 1층으로 모은다.

하나의 층에 모을 것인가, 여러 층에 분산시킬 것인가 ─ '지하 도시'와 '고가 보행로' (to Assemble on One Level or Disperse over Several Levels ─ "Underground Cities" and "Skywalks")

앞서 살펴본 것처럼, 보행로가 평행하게 나란히 배치되면 사람과 활동은 불필요하게 흩어진다. 비슷한 현상은 지하 연결 통로나 여러 형태의 고가 보행로가 층층이 설치되는 경우에도 생긴다. 고가 보행로는, 도심이든 주거지든 공통적으로 문제가 많은 발상이다.

사람과 활동을 모으려면, 캐나다 몬트리올의 3층 주거 단지 설계를 참고하면 좋다. 발코니와 계단이 거주자와 활동을 자연스럽게 1층으로 모은다. 그 덕에 파사드 주변에는 활력 있고 매력적인 활동이 생기고, 각 주택의 입구에는 옥외 생활을 즐길 기회가 마련된다.

통합할 것인가, 분리할 것인가
(To Integrate Or Segregate)

차별화된 접촉의
발생 — '입면'
(a Differentiated
Contact — "Surface")

도시 공간에서 '통합'이란 서로 다른 사람들과 활동이
한자리에 모일 수 있도록 하는 것이다. 반대로 '분리'는 이
같은 만남과 활동을 의도적으로 갈라놓는 것이다.

공공공간 안팎에서 활동과 기능이 통합되면, 사람들은
함께 어울리며 자극을 주고받고, 영감을 얻는다. 이런
어울림 속에서 우리는 자신을 둘러싼 주변 환경이
어떻게 구성되고 작동하는지를 몸으로 이해하게 된다.
중요한 것은 건물이나 주요 도시 기능이 형식적으로만
통합되는 것이 아니라, 활동과 사람들이 소규모 단위에서
실제로 어우러져야 한다는 것이다. 다시 말해 공장,
주거, 서비스 시설이 설계 도면상에서 얼마나 가깝게
배치되느냐가 아니라, 그곳에서 일하고 사는 사람들이
공용 공간을 함께 이용하면서 얼마나 자주 서로
마주치느냐가 중요하다.

통합과 분리를
위한 계획 모델
(Planning Models
for Integration and
Segregation)

중세의 빽빽한 도시처럼 사람과 활동이 가까이 어울리던
시기에서, 기능이 뚜렷이 나뉜 현대의 기능주의 도시로
변화해 온 과정을 보면, 도시 설계가 사람과 활동을
어떻게 통합하고 분리하는지 알 수 있다. 중세 도시는
보행자 중심의 구조였기에 상인과 기술자, 부자와
가난한 사람, 노인과 아이가 함께 섞여 살고 일할 수밖에

공간을 통합하는
것(왼쪽)과 분리하는
것(오른쪽)의 개념도

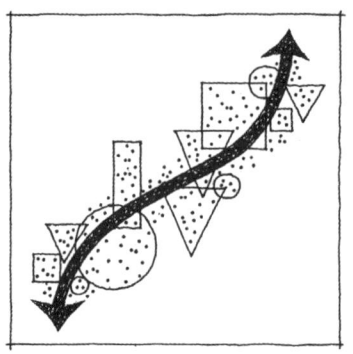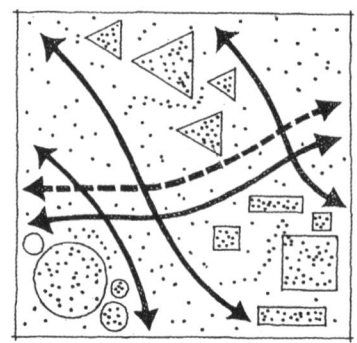

없었다. 이런 도시는 통합 지향적 도시 구조의 장단점을
잘 보여준다. 반대로, 기능주의 도시에서는 분리 지향적
계획이 두드러진다. 그 결과로 도시는 각각 하나의
기능만을 수행하는 구역으로 나뉘었다.

단일 기능 구역의 사례로는, 넓게 펼쳐진 단독주택
단지, 획일적이고 단조로운 공업 지역, 연구 단지, 대학
도시, 실버타운처럼 단일한 기능이나 집단만을 위해
형성된 대규모 구역이다.

여기에서는 특정 집단, 직업, 사회 계층, 연령대가 그 외
다른 사회 집단과는 어느 정도 분리될 수밖에 없다. 유사
기능 간의 밀접한 거리, 효율성, 높은 생산성처럼 이점이
없는 건 아니지만, 그 대가로 얻는 것은 주변 사회와의
단절과 빈약하고 단조로운 환경이다.

대안은 계획 방식을 세분화하는 것이다. 기능별로
사회적 관계와 실질적 이점을 평가하고, 통합의 장점이
단점보다 분명히 클 때만 분리를 허용한다. 사실 대부분의
산업 시설은 주거지와도 통합할 수 있다. 극히 해로운
소수의 공업 활동만 분리하면 된다.

큰 규모에서의 통합
(to Integrate — at
the Large Scale)

큰 규모의 계획에서는 서로 충돌하거나 방해되지 않는
모든 기능을 섞으려는 노력이 필요하다. 기능별로 나누는

여러 도시 기능이 한데
모였다면 활기찬 도시를
위한 기반이 될 수 있었을
것이다. 계획 개념의
초점은 도시가 아닌
고립된 단일 기능에만
맞춰져 있다. 그 대가로
얻는 것은 주변 사회와의
단절과 빈약하고
단조로운 환경이다.

주민 7,000명의 고층
주거 단지, 주차장과
잔디밭으로 둘러싸여
있다.

덴마크 국영 방송 및
텔레비전 본부에는
약 1,500명의 직원이
근무하며, 방송 프로그램
제작과 행정 업무가
활발히 이루어진다.
그러나 그 건물을 둘러싼
외부 공간은 대부분 넓은
잔디밭과 주차장으로
채워져 있다.

1,500명의 학생이 다니는 교원 양성 대학. 주변과의 교류가 단절된 채 고립된 환경이 형성되어 있다.

대신, 성장 방향이나 시기별 확장 구역을 설정하면 통합 지향적 도시 계획 목표를 실현할 수 있다. 예를 들어, 주거, 산업, 공공 서비스 구역 등으로 구분하는 것이 아니라 '2005~2010년, 2010~2015년 확장 구역'처럼 시기별로 성장 구역을 지정하는 것이다.

하나의 대학 같은 도시, 또는 도시 같은 대학 (the City That Is a University — and Vice Versa)

통합 지향적 도시계획은, 도시 전체의 큰 틀 안에서 소규모 단위를 포용할 기회이기도 하다. 예를 들어, 새로 들어서는 대학에 상당한 규모의 주거지와 상업 공간을 포함시킬 수 있다. 옛 통합형 도시 구조가 오늘날에도 단일 기능 구역과 공존하고 있는 사례를 참고하여, 통합과 분리, 두 가지 원칙을 함께 적용할 수 있다.

코펜하겐 대학교(The University of Copenhagen)는 주로 구시가지 중심에 자리한다. 본관을 중심으로 학부, 단과대학, 학과가 도심 곳곳에 흩어져 있다. 도시의 거리는

구시가지 중심에 자리하고 있는 코펜하겐 대학교 정경. 대학 구성원과 시민 사이의 교류가 활발하다.

대학의 일부로서 내부와 외부를 잇는 통로 역할을 한다. 물론 행정적으로 보면, 이런 분산 구조가 불편할 수 있다. 캠퍼스와 도시에 접점이 있다는 사실은, 대학 구성원들이 도시를 활용하고 활동에 참여할 기회를 열어 준다. 도시의 관점에서 대학은 도시에 활력과 에너지를 불어넣으며, 거리에서 펼쳐지는 활동에 다채로움을 더한다.

이와 대조적인 사례가 코펜하겐 외곽의 덴마크 공과대학교(The Technical University of Denmark)다. 이 캠퍼스는 합리적 계획의 전형으로, 학과 간 이동 동선이 효율적이고 교육 과정도 체계적이다. 그러나 그 안에는 '진짜 활동'이 거의 없고, 새로운 활동이 생길 기반도 부족하다. 몇 안 되는 카페테리아나 신문 가판대를 오가는 사람들은 학생과 교직원뿐이다.

　편향되고 과도하게 전문화된 환경이, 편향되고 과도하게 전문화된 기술자를 낳는 최적의 환경이 된 셈이다. 학업 환경과 일반 사회를 연결하는 직접적이고 일상적인 연결이 끊어져 있는 상태다.

작은 규모에서 통합하기 (to Integrate — at the Small Scale)

사람과 활동을 통합하기 위해서는, 우선 단일 기능 구역을 피해야 한다. 중간 규모와 작은 규모의 계획과 설계에서는 더욱 세심한 접근이 필요하다.

　주거지 한가운데 있는 학교를 상상해 보자. 울타리, 담장, 잔디밭을 이용해 주변을 효과적으로 차단할 수도 있다. 하지만 발상을 바꿔 학교를 주거지 일부로 설계한다면, 예컨대 도시의 주요 도로를 따라 교실을 배치하면, 그 길은 복도이자 놀이터가 된다. 광장의 카페는 학교 식당을 겸한다. 도시 전체가 자연스럽게 교육 환경의 일부가 된다. 비슷한 방식으로, 상업 시설 같은 다양한 도시 기능이 도로를 따라, 또는 공공공간 안에 함께 배치되면 사람과 기능이 자연스럽게 섞인다. 하나의 활동이 다른 활동과 이어질 기회를 갖는다.

　건축가 판 클링에런이 네덜란드 드론턴과 에인트호번에 조성한 도심 설계[11]는 이와 같은 계획 원칙과 그 가능성을 잘 보여준다. 도심은 스포츠 시설, 영화 스크린, 관람석, 의자 등을 갖춘 덮개 있는 광장이 되어 다양한 방식으로 활용된다. 이 광장은 본질적으로, 옛 도심의 전통적인 광장과 같은 역할을 한다. 이곳에서는 상거래, 축구, 정치 집회, 종교 행사, 콘서트, 연극, 공연, 노천카페, 전시, 놀이, 춤이 공존한다. 드론턴과 에인트호번은

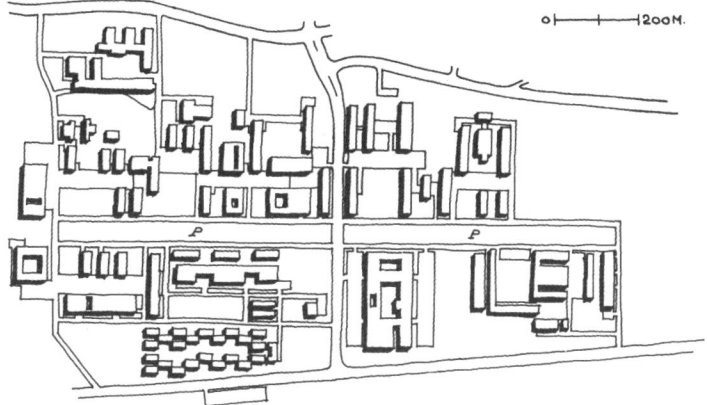

덴마크 공과대학(The
Technical University
of Denmark) 캠퍼스
평면도. 캠퍼스는 중앙의
주차장을 중심으로
배치되어 있다. 그 안에는
'진짜 활동'이 거의 없고,
새로운 활동이 생길
기반도 부족하다.

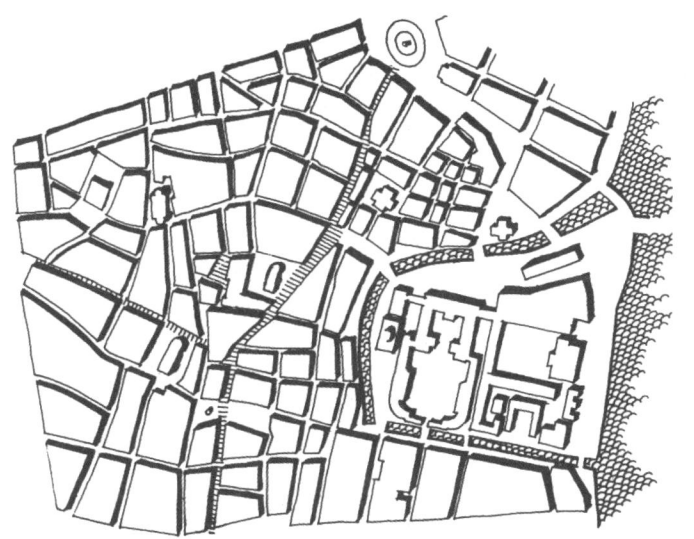

코펜하겐 대학교(The
University of
Copenhagen)가 위치한
코펜하겐 도심 평면도.

네덜란드의 다른 도시에 비해 주민들의 활동과 참여가
훨씬 활발해졌다.

'통합'은 1960년대에 지어진 단조로운 고층 주거지를
개선하는 프로젝트에서도 핵심 개념이었다. 스웨덴의 한
재생 프로젝트에서는, 기존 아파트 몇 동을 경공업 시설,
사무실, 노인 주거 시설로 개조함으로써 단지의 기능을
다양화했다. 이러한 통합 시도는 규모에 비해 놀라울
정도로 긍정적인 성과를 냈다.

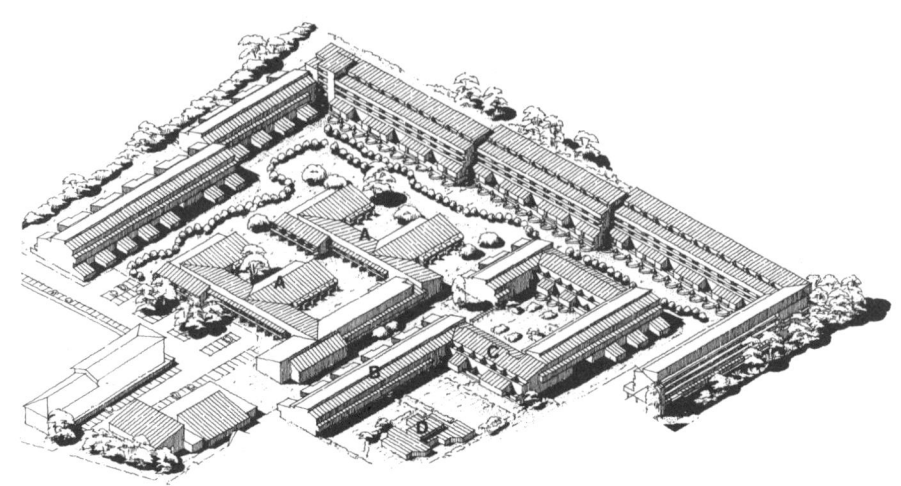

코펜하겐 도시 재생 지역의 주택 단지 솔비에르 하베(Solbjerg Have) 조감도. 400세대의 아파트와 복층형 주거 단지(maisonette)가 노인 주거·복지 센터(A), 어린이집, 유치원, 청소년 시설(B, C, D)을 둘러싸고 있다. 덴마크 공동 설계 사무소 설계

솔비에르 하베의 파사드

영화관, 생맥줏집 등 다양한 세대가 뒤섞여 살고 있음을 보여주는 솔비에르 하베의 사인들

거실, 통합의 본보기 (the Living Room — as a Model)

집 안의 거실은 어떤 규모에서든 활동 통합의 본보기로 삼을 수 있다. 가족이 각자 다른 활동을 하다가도, 필요할 때면 자연스럽게 거실로 모인다.

교통을 통합할 것인가, 분리할 것인가 (to Integrate or Segregate Traffic)

공공공간에서 이루어지는 모든 활동 중에서 가장 큰 규모의 것을 꼽으라면 바로 사람과 물자의 이동, 즉 교통이다. 보행자, 자전거, 자동차가 함께 다니는 혼합형 도로나 교통수단별로 길을 나눈 분리형 도로 체계에서는 사람의 이동이 점점 분산되다가 결국 완전히 분리된다. 이동하는 사람들 상당수가 도시의 다른 활동으로부터 멀어지면서 운전도, 걷는 것도, 거리에서의 삶도 단조로워진다.

도로 체계를 분리하는 대신, 자동차나 다른 빠른 교통수단으로 쉽게 갈아탈 수 있는 연결 방식을 고민해 볼 때다. 예를 들어, 이동 수단을 자동차에만 의존하지 않고, 대중교통, 보행, 자전거로 환승할 수 있는 시스템을 이용하는 것이다. 이러한 교통 시스템 구축이 도시인의 생활에 얼마나 긍정적 영향을 미치는지는, 교통의 흐름이 전적으로 보행에 기반해 온 도시들을 보면 알 수 있다.

유럽에는 자동차와 보행자 교통이 구분된 적 없는 오래된 도시들이 적지 않다. 이탈리아의 언덕 위 도시, 유고슬라비아의 계단식 도시, 그리스의 섬 도시들이 그 예이고, 그중에서도 베네치아는 독보적이다. 인구 25만 명이 넘는 압도적 규모는 물론, 같은 유형의 도시와 견주어볼 때 그 구조와 완성도가 탁월하다.

베네치아에서 대형 화물은 운하가 담당한다. 덕분에 도보는 여전히 이 도시의 핵심 교통망이다. 이곳에서는 사람의 일상과 교통의 흐름이 한 공간에 녹아 있다. 옥외 활동을 위한 무대이자, 이동을 이어주는 통로다. 교통이 안전을 위협하거나, 배기가스, 소음, 먼지를 유발하지

않기 때문에, 일, 휴식, 식사, 놀이, 오락, 이동을 위한 교통
흐름을 따로 구분할 필요가 없다.

베네치아는 다양한 활동이 한데 섞인 '거실'을 도시
규모로 확장한 것과 같다. 베네치아에서 약속 시간에
조금 늦는 일이 당연하게 받아들여지는 이유가 설명된다.
도시를 걷다 보면 친구나 지인을 우연히 만나거나,
무언가에 마음을 빼앗겨 잠시 발걸음을 멈추는 일이
흔하기 때문이다.

교통 수단을 나누어
놓으면 길과 도로 체계가
단조로워진다.

자동차 중심의 도시
풍경. 운전도, 걷는
것도, 거리에서의 삶도
단조롭다.

베네치아처럼 모든
교통이 보행으로
통일되면, 교통과 이외의
도시 활동을 굳이 나눌
필요가 없다.

교통 계획의 네 가지 원칙 (Four traffic planning principles)

①
로스앤젤레스 (Los Angeles)

빠른 교통 흐름에 맞춰 설계된 교통의 통합. 안전 수준이 낮은 단순하고 직선적인 교통체계로, 도로는 차량 통행 외의 용도로는 사용할 수 없다.

②
래드번 (Radburn)

1928년 뉴저지주 래드번에 도입된 교통 분리 시스템. 수많은 평행 도로, 보행로, 지하 통로로 구성된 복잡하고 비용이 많이 드는 구조다. 주거지에 대한 조사에 따르면, 이 방식은 이론적으로는 안전을 높일 것처럼 보이지만, 오히려 위험하다. 보행자들이 더 안전하고 긴 길 대신 짧은 길을 택하기 때문이다.

③
델프트 (Delft)

느린 교통 흐름을 기준으로 한 교통 통합 방식. 1969년에 도입된 이 시스템은 단순하고 명확하며 안전하고, 무엇보다도 거리를 가장 중요한 공공공간으로 유지한다. 자동차가 건물 바로 앞까지 접근해야 하는 경우라면, 이러한 통합 방식은 위의 두 시스템에 비해 단연코 더 우수하다.

④
베네치아 (Venezia)

보행자 중심 도시. 도시나 지역의 외곽에서 빠른 교통에서 느린 교통으로 전환된다. 단순하고 직관적인 교통 체계로, 다른 어떤 시스템보다 훨씬 높은 수준의 안전과 안정감을 제공한다.

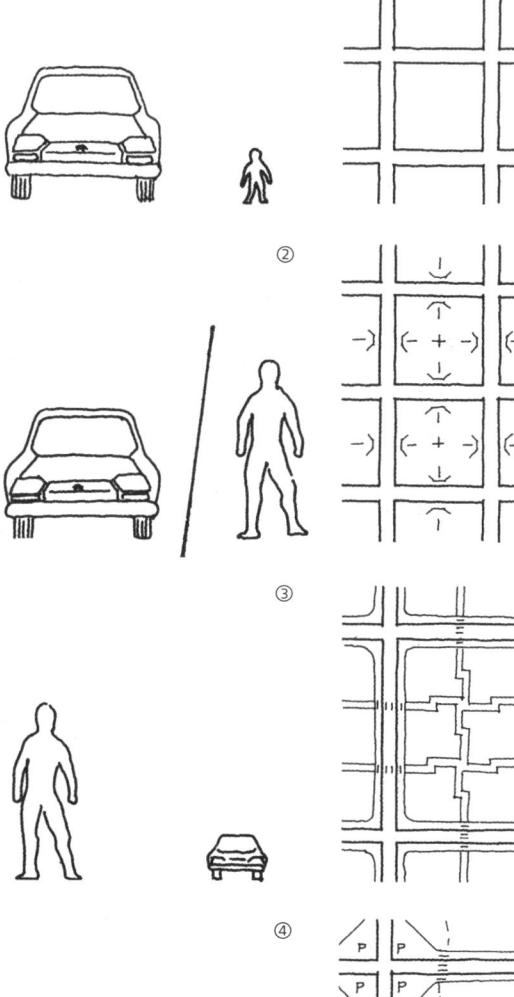

도시 경계에서 느린 교통수단으로 전환하기 (Transfer to Slow Traffic at the City Limits)

베네치아의 교통 원칙은, 빠른 교통에서 느린 교통으로의 환승이 도시 경계에서 이루어진다는 점이다. 이는 대부분의 자동차 중심 지역의 환승이 건물 바로 앞에서 이뤄지는 방식과 비교된다.

최근 유럽의 여러 주거지에서도 비슷한 방식이 퍼지고 있다. 자동차를 도시 경계나 주거지의 외곽에 두고, 마지막 50, 100, 150m는 걸어서 집으로 가는 것이다. 목적지에 이르는 짧은 거리를 걷는 과정은, 또 다른 옥외 활동과 통합을 끌어낸다.

보행자 중심으로 지역의 교통을 통합 (Integration of Local Traffic on Pedestrian Terms)

지역 내 자동차 교통을 보행자 중심으로 통합하려는 시도는 의미가 크다. 네덜란드에서는 지역 공간을 저속의 자동차 교통에 맞게 새로 설계하거나 재개발했다. '보너르프(woonerf)'로 불리는 지역을 보면, 자동차가 집 앞까지 들어올 수는 있지만, 진입로를 철저히 보행자 중심으로 디자인했다. 차량은 옥외 활동과 놀이를 위해 마련된 공간 사이를 아주 조심스럽게 지나야 한다. 이곳에서 자동차는 어디까지나 보행자의 영역에 잠시 들어온 손님이다.

자동차 교통을 보행자 중심으로 통합하는 방식은, 교통을 완전히 분리하는 방식보다 장점이 많다. 물론 자동차를 아예 배제할 수 있다면, 교통 안전성 확보, 옥외 활동의 질, 보행자의 동선 측면에서 더 이상 바랄 것이 없을 것이다. 네덜란드식 교통 통합 방식은 현실적인 차선책으로서, 매우 바람직하다.

교통과 옥외 활동의 통합 (Integration of Traffic and Outdoor Stays)

베네치아처럼 도시 경계에서 빠른 교통을 느린 교통으로 전환하는 방식이든, 네덜란드의 보너르프처럼 자동차, 자전거, 보행자가 함께 느리게 오가는 방식이든, 중요한 건 하나다. 교통의 흐름과 인간의 옥외 활동을 잘 어우러지게 하려는 노력이 필요하다는 점이다.

교통의 흐름이 보행자나 저속 차량 중심으로 이뤄지면, 머무름이나 놀이 공간을 굳이 교통 공간과 분리하자고 주장할 당위성이 낮아진다.

주거지에서 가장 빈번한 옥외 활동은 사실 자신의 집을 중심으로 오가며 생기는 교통이기 때문에, 가능한 많은 다양한 활동을 교통의 흐름과 함께 통합해야 하는 이유가 된다.

교통과 활동을 통합하면, 오고 가는 사람들, 놀고 있는 아이들, 집 주변에서 무언가에 몰두한 사람들이 자연스럽게 만나고 섞이면서 서로 자극을 주고받는다. 놀이, 머무름, 대화 같은 옥외 활동이 다른 일을 하거나 이동하는 중에도 자연스럽게 시작된다. 머무름과 이동은 고정된 활동이 아니다. 둘 사이의 경계는 유연하며, 한 사람이 두 활동을 오가기도 한다. 만약 환경이 허용된다면 활동은 저절로 엮이고 어우러진다.

'보너르프(woonerf)'
방식으로 전환되기
전(위)과 후(아래)의
네덜란드 거리 모습.
자동차가 건물
출입구까지 들어와야
한다면, 가장 좋은
해법은 네덜란드의
보너르프 방식이다.
이는 자동차, 보행자,
자전거가 함께 느리게
오가는 다기능 거리로,
주로 '느린 교통(soft
traffic) 공간'임을 분명히
드러내는 세부 설계로
꾸며진다. 낮은 턱과
속도 저감 장치가 곳곳에
설치되어 차량의 속도를
자연스럽게 늦춘다.

초대할 것인가, 밀어낼 것인가
(To Invite Or Repel)

초대 혹은 배제 (to Invite or Repel)

도시와 주거지의 공공공간은 마치 초대받은 모임에 가듯 편하게 다가갈 수 있어야 한다. 그래야 사람과 활동이 사적인 공간에서 나와 공적 공간을 향해 자연스럽게 흐른다. 반대로 공공공간이 육체적으로나 심리적으로 다가서기 어려우면, 사람들은 좀처럼 그곳으로 발길을 옮기지 않는다.

초대와 배제를 도식화한 개념도

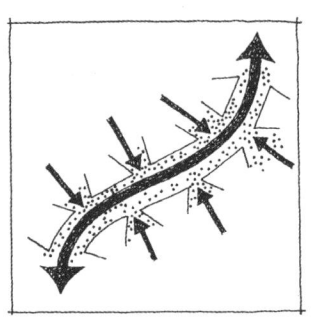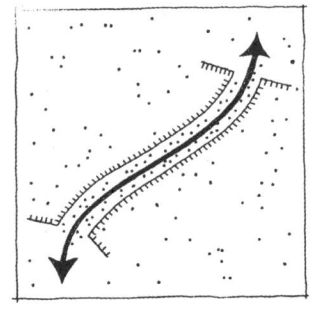

초대 — 공적 영역과 사적 영역 사이의 부드러운 전이 (Invitation — Smooth Transitions Between Public and Private Areas)

공간이 사람을 초대할 것인가, 밀어낼 것인가의 결과는 무엇보다 공적 공간과 사적 공간이 어떤 식으로 맞닿아 있는지, 그 경계가 어떻게 설계되었는지에 달려 있다. 중층으로 쌓인 아파트 단지를 예로 들어 보자. 집안은 무척 사적인 공간이지만, 경계인 현관문을 열면 바로 계단, 엘리베이터, 거리라는 공적인 공간이 출현한다. 이렇게 경계가 뚜렷할 경우, 특별한 필요가 없으면 밖으로 나서지 않게 된다.

반대로, 둘 사이에 완전히 사적이지도 공적이지도 않은 전이 공간이 있다면 그곳은 좋은 연결 고리가 된다. 이런 공간이 있으면 주민은 안과 밖, 사적 공간과 공적 공간 사이를 신체적으로나 심리적으로 훨씬 쉽게 오갈 수 있다. 이 중요한 문제는 뒤에서 더 자세히 다루기로 한다(215쪽 참조).

초대 — 무슨 일이 일어나고 있는지 볼 수 있게 하는 것으로부터 (Invitation — to Be Able to See What Is Going On)

공공공간에서 무슨 일이 일어나는지 볼 수 있게 하는 것도 '초대'의 한 방법이다. 예를 들어, 아이들이 거리나 놀이터에서 무슨 일이 벌어지는지, 누가 놀고 있는지를 지켜볼 수 있으면, 자연스럽게 밖으로 나가 함께 놀고 싶어진다. 반대로, 너무 높거나 멀리 떨어진 곳에 살아 밖의 모습을 볼 수 없는 아이들에게 이와 같은 동기부여는 어렵다. 어른도 마찬가지다. 무언가를 볼 수 있을 때 참여하게 된다.

거리 쪽으로 창이 난 청소년 클럽이나 커뮤니티 센터는 지하에 있는 곳보다 회원이 많다. 지나가는 사람들이 안에서 무슨 일이 일어나는지, 누가 있는지 보면서 자연스럽게 끌리기 때문이다. 장사를 하는 사람은 사람의 발걸음이 오가는 곳에 가게를 열고 거리 쪽으로 진열창을 내는 것이 얼마나 중요한지 잘 알고 있다. 길거리 카페는, 위치만으로 사람을 초대한다.

초대 — 짧고 부담 없는 동선으로부터 (Invitation — a Short and Manageable Route)

'초대'는 짧고 부담 없는 동선의 문제이기도 하다. 거리, 동선의 질, 이동 방식 같은 요소가, 사람들의 소통과 기능 사이에 얼마나 큰 영향을 미치는지 입증하는 사례는 무수히 많다.

어린아이들은 집 앞에서 50m 이상 잘 나가지 않는다.

초대 — 실내에서 실외로의 점진적 전환으로부터
(Invitation — gradual transition from indoors to out)

공공공간과 사적 공간 사이에 자연스러운 중간 단계가 마련되면, 사람들은 공공공간에서 시간을 보내며 그곳에서 벌어지는 활동에 쉽게 참여할 수 있다.

연립주택 지역의
반-사적인 앞마당.

네덜란드
알메러(Almere). 다층
주거 건물의 점진적 전이
공간. 그러나 1층에만
해당한다.

퀘벡 생폴베(Saint Paul
Baie). 초대의 공간인
거리

이 짧은 범위 안에서도 거리는 영향을 미친다. 아이들은 조금이라도 가까이 사는 친구와 더 자주 어울린다. 사람들은 가까이에 사는 가족이나 친구를, 멀리 사는 사람들보다 훨씬 더 자주 만난다. 잠깐 들르는 식의 비공식적인 만남도 거리가 가까울 때 훨씬 자연스럽다. 편리한 만남은 그들의 관계가 더 발전하는 데 도움을 준다.

공공 도서관으로부터의 거리와 대출량 사이에도 직접적인 관련이 있다. 도서관이 가까워서 쉽게 갈 수 있는 사람일수록 책을 더 많이 빌린다.

동기의 전환, 곧 외출을 위한 명분 (Motivation Shifting — Excursions as Excuses)

공공공간에서 부분적으로 채워지는 욕구가 있다면 접촉, 지식, 자극에 대한 것이다. 이들은 심리적 욕구에 속한다. 하지만 이런 욕구는 먹고, 마시고, 자는 것과 같은 기본적인 신체적 욕구처럼 목표지향적이거나 계획적이지는 않다. 예를 들어, 성인이 자극이나 접촉의 욕구를 해소하겠다는 이유만으로 시내에 나가는 일은 드물다. 사람들은 실제 목적과 상관없이 쇼핑, 산책, 바람 쐬기, 신문 사기, 세차처럼 그럴듯한 이유를 만들어 집을 나선다.

쇼핑 나들이가 접촉이나 자극을 위한 구실이라는 말에, 동의하지 않는 사람도 있을 것이다. 대부분은 자신의 쇼핑 계획 속에 사람과의 접촉이나 새로운 자극에 대한 욕구가 숨어 있다는 것을 의식하지 못하기 때문이다.

집에서 일하는 성인은 집 밖에서 일하는 사람에 비해 평균 세 배나 많은 시간을 쇼핑에 쓴다. 또 쇼핑 시간이 주중 내내 고르게 분포되어 있다는 점도 눈에 띈다. 사실 한 번에 몰아서 장을 보는 것이 더 효율적일 텐데 말이다. 일상적인 쇼핑 나들이가 단순히 물건을 사기 위한 일이 아님을 알 수 있다.

일반적으로 사람들은 신체적 욕구와 심리적 욕구를 동시에 추구한다. 그런 관점에서 쇼핑 나들이는 단순한 장보기가 아니라, 사람들과의 접촉과 자극을 통해 기본적이고 명확한 두 가지 욕구를 채우려는 구실이자 기회가 된다.

초대—발길이 향하는 곳 (Invitation — Somewhere to Go)

이처럼 여러 가지 동기가 얽혀 있기 때문에, 공공공간에서는 목적지가 중요하다. 목적지는 개인이 자연스럽게 찾아갈 수 있고, 밖으로 나설 동기나 계기가 되는 대상이나 장소다. 특정 장소로의 나들이일 수도 있고, 전망대나 해넘이를 보는 곳일 수도 있으며, 상점, 커뮤니티 센터, 스포츠 시설 같은 곳일 수도 있다.

마을 공동체에서는 공동 우물이나 공동 세탁장이 여전히 비공식적인 만남을 만들어내는 매개로 쓰인다. 산 비토리노 로마노(San Vittorino Romano, 103쪽 참조) 같은 곳에서는 이런 구실이 마을 사람에게 익숙한 관습이 되었다. 우물가에 물통을 놓아두었다가, 말을 걸고 싶은 사람을 발견하면 "물통을 가지러 간다"는 핑계로 자연스럽게 밖으로 나가는 것이다.

남유럽에서는 선술집이 중요한 목적지 역할을 한다. 와인 한 잔을 마시러 가지만, 사람들은 그곳에서 친구를 만날 수 있다는 걸 안다. 어떤 지역에서는 술집, 약국, 카페가 비슷한 역할을 한다.

신도시 지역에서는 우편함, 가판대, 식당, 가게, 스포츠 시설 같은 곳이, 머무를 수 있는 구실이 되어 주어야 한다. 아이들에게 놀이터는 언제든 찾아갈 수 있는 곳이다. 사실 그것이 놀이터의 가장 중요한 기능 중 하나다. 놀이터에서 할 수 있는 놀이가 제한적이라서 아이들이 바깥에서 노는 시간 대부분을 놀이터가 아닌 곳에서 보내더라도, 놀이터는 만남의 장소이자 다른 놀이의 출발점 역할을 한다. 다른 아이들이 놀고 있지 않을 때라도, 아이들은 언제든 놀이터에 가서 최소한 무언가를 하며 놀이를 시작할 수 있다.

놀이 기구나 놀이터에 어떤 환상이 덧입혀지든, 놀이터는 본질적으로 만남의 장소다. 놀이터는 아이들이 언제든 찾아갈 수 있는 공간이며, 놀이 기구는 다른 아이들이 와서 더 의미 있는 놀이가 시작될 때까지 혼자 시간을 보낼 수 있는 장치다.

아이들이 놀이터에서 놀이 기구로 시간을 보내며 새로운 놀이가 시작되길 기다리듯, 어른들에게는 정원이나 정원 가꾸기가 비슷한 역할을 한다. 날씨가 좋고 잠시 밖에 머물기 좋은 날, 정원은 어떤 식으로든 소일거리를 제공한다. 정원이 사람들이 오가는 길목이나 다른 활동이 보이는 곳에 있다면, 정원 일은 개인적 활동이 오락적, 사회적 활동으로 자연스럽게 이어진다. 쓸모 있는 일과 즐거운 일이 맞닿는 순간이다.

영국 다층 주거지의 미니 정원. 정원 가꾸기는 바깥에 머물며 이웃을 만날 수 있는 계기가 된다.

덴마크 주거지의 골목 정비의 날. 모든 세대가 함께 참여하고, 활동이 끝나면 파티가 이어진다. 개인적 활동이 오락적, 사회적 활동으로 발전한다.

눈을 치우는 시민들.
무언가 할 일이 있으면,
그 이상의 이야깃거리가
생긴다. 필수 활동, 선택
활동, 사회적 활동은
셀 수 없이 많은 작은
요소들로 미묘하게 얽혀
있다.

앞마당에서의 활동에 대한 어느 정밀 연구[21]에
따르면, 많은 사례들에서 앞마당 활동이란 여러 목적들이
은근하게 섞여 있는 무엇이다. 여기서 정원 가꾸기란
바깥으로 나가기 위한 일종의 구실이 된다. 관찰 결과,
많은 사람들이, 그리고 고령의 거주자들은 특히, 순수하게
원예라는 목적으로 해명될 수 있는 시간보다 훨씬 많은
시간을 정원 가꾸기에 소비한다. 이는 주거지 공용
공간에, 걷거나 앉는 자리뿐 아니라 무언가 손에 잡히는
소일거리가 필요하다는 점을 잘 보여준다. 감자 깎기,
바느질, 간단한 수리, 취미, 식사 같은 일상적인 집안일까지
정원으로 가지고 나올 수 있다면 더욱 바람직하다.

집 안에서 하는 수리,
취미, 식사 준비, 식사
같은 일상적인 활동을
집 밖 공용 공간으로
자연스럽게 가져올 수
있는 환경이 마련되면
건물 사이의 삶은 훨씬
풍요로워진다.

위: 토론토 북부

아래: 뉴욕 브루클린

개방할 것인가, 폐쇄할 것인가
(To Open Up Or Close In)

**개방할 것인가,
폐쇄할 것인가
(to Open Up or
Close In)**

공공공간과 그 주변의 집, 가게, 공장, 작업장에서
벌어지는 일이 서로 연결되면, 양쪽 모두에서 경험과
활동이 늘어나며 공간은 한층 더 활기차고 풍요로워진다.
양쪽이 서로 보이고 연결되려면 창문의 유무를 넘어,
적절한 거리가 확보되어야 한다. 사람이 보고 듣고 느낄
수 있는 거리는 생각보다 좁다. 그래서 공간을 개방할
것인가, 폐쇄할 것인가의 문제는 단순한 물리적 구조가
아니라, 감각적으로 얼마나 가까운지에 달려 있다. 예를
들어, 도로에서 10~15m 떨어진 도서관의 큰 창은 그저
'창문이 있는 건물'로 보이지만, 길가에 인접한 도서관의
창문은 안에서 사람들이 책을 읽거나 이용하는 모습을
담은 하나의 풍경으로 보인다.

개방과 폐쇄를 도식화한
개념도

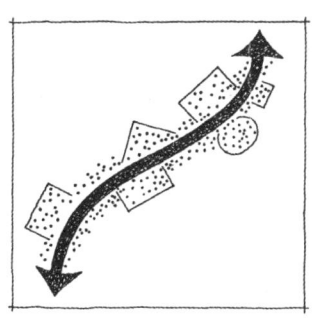 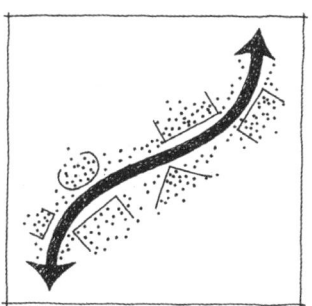

거리와 가게에서
벌어지는 일이 서로
연결되면, 양쪽 모두에서
경험과 활동이 늘어난다.

호주 애들레이드의 점포
광경. 일주일 내내 문을
연다는 광고 문구가
무색하게, 한순간도
거리를 향해 열려 있지
않다.

덴마크 코펜하겐의
베스터브로 거리에서는,
보도와 수영장 사이를
구분하는 유리벽을 통해
실내의 활동이 비쳐
보인다. 이처럼 활동이
방해받지 않는 범위
내에서 내부가 보이도록
설계하는 것은 주변의
옥외 공간에 긍정적인
활력을 불어넣는다.

144

주거지에서의 개방과 폐쇄 (To open up or close in — in residential areas)

'내 집은 나의 성이다(My home is my castle)'라는 말은 문자 그대로 사실적인 표현이다.

코펜하겐의 시벨리우스파르켄 주택 단지. 북유럽의 신규 주택 단지에서는 발코니, 앞마당, 유리로 둘러싸인 베란다를 이용해 집을 외부로 열고, 사람의 시선과 관심이 집 앞에서 집 앞 진입로까지 이어지도록 배려했다. 덴마크 공동 설계 사무소 설계, 1984~1986.

신도시의 주택 단지와 도시 재개발 프로젝트를 보면,
특별한 이유 없이 닫혀 있어 바깥에서 내부가 보이지 않게
설계된 경우가 많다. 이유를 물으면 수영장, 청소년 센터,
볼링장, 대기실 같은 곳은 원래 닫혀 있어야 하는 관행을
따른 것이라고들 한다.

효율성을 중시한 사례도 있다. 학생들이 공부에
방해받지 않도록 교실에서는 창밖을 볼 수 없고, 밖에서도
안이 보이지 않게 한다. 공장 노동자들은 생산성을 위해
형광등 아래에서 일하고, 음악도 공장 방송 시스템을 통해
엄격히 통제된다. 고층 빌딩의 사무직 노동자들은 창을
통해 하늘은 볼 수 있어도, 거리에서 벌어지는 일은 보지
못한다. 오직 개방성과 접근성이 상업적 이익에 도움이 될
때만, 가게는 상품을 잘 보이게 진열하고, 내부의 사람들이
일하거나 활동하는 모습을 드러낸다.

사람과 그들의 활동을 무심코 혹은 의도적으로 가두는
일은 대체로 바람직하지 못하다.

대신 각 상황과 그 안에 있는 사람에게 미치는 장단점을
개별적으로 평가해 계획의 방향을 세워야 한다. 개방과
폐쇄는 섬세하게 구분하는 것이 바람직하다.

요양원이나 병원의 예를 들면, 안에서 바깥 공공공간의
활동을 볼 수 있는 것은 좋지만, 그 반대는 불편할 수
있다. 유치원의 일부 공간은 거리 쪽으로 열려 있어도
되지만, 모든 공간이 그럴 수는 없다. 공공 수영장이나
배드민턴장은 창을 높게 설치하거나 보도보다 낮은
위치에 두어, 밖에서 안이 보이더라도 활동에 방해받지
않도록 하는 것이 중요하다.

최근 몇 년 사이, 민간 건물이나 쇼핑몰 등에서,
겉보기에는 공적으로 보이는 공간을 만들려는 경향이

뚜렷해졌다. 도시 블록을 가로지르는 민영 쇼핑 아케이드, 지하 보행로, 호텔 안의 대형 실내 광장 등이 그 예다.

이런 흐름은 개발 업자에게는 좋은 기회가 될 수 있지만, 도시 전체 삶의 관점에서 보면 그렇지 않다. 결국, 사람을 분산시키고 활동을 실내로 가둬, 거리나 광장 같은 진짜 공공공간에서 사람과 활동을 빼앗는다.

그 결과 도시는 점점 비게 되고, 단조로워지며, 더 위험한 장소로 변한다. 같은 활동이 실내로 빨려 들어가는 대신 공공공간에서 펼쳐졌다면, 도시는 훨씬 더 매력적이고 활기찼을 것이다.

급격히 늘어나는 쇼핑 아케이드, 실내 중정, 광장처럼 공공의 모습으로 포장된 사적 공간은, 인접한 거리와 광장에서 일어날 수 있는 공적인 삶을 잠식한다. 이른바 '공동체 공간(The Commons)'이라 불리는 공간도 실은 꽤 사적으로 소유되거나 운영되며, 통제되는 경우가 많다.

서호주 퍼스의 민영
쇼핑 아케이드의 미로.
도시 블록을 가로지르며
사방으로 뚫려 있다.
일명 '스위스 치즈
증후군(Swiss cheese
syndrome)'.

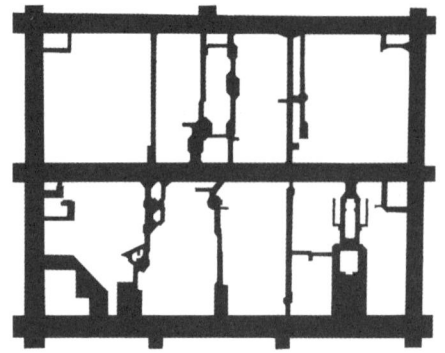

로스앤젤레스 호텔
단지의 모습. '선별된
공공성'을 위해
고급스럽게 디자인된
실내 광장과 도시를 향해
닫혀 있는 벽이 대비된다.

교통을 공적
자원으로 다룰지,
개인의 영역으로
둘지 (Making
Transportation
Public or Private)

도시를 '사람들이 어디서 무엇이 일어나는지를 바라볼 수 있는 공간'이라는 관점에서 본다면, 보행 중심에서 자동차 중심으로 바뀌며 그 가능성은 현저히 줄어들었다. 보행자 중심의 도시에서는 길을 오가며 사람들의 움직임을 쉽게 볼 수 있지만, 자동차 중심의 도시는 차량으로 가득 차 사람의 모습은 잘 보이지 않는다.

물론 자동차 안에도 사람과 이야기가 있다. 길가에서 바라보면 그 모습은 너무 짧고 단편적이라 누가 지나가는지, 무슨 일이 일어나는지 알아채기 어렵다. 사람의 움직임은 결국 자동차 이동으로 대체된다. 자동차의 흐름과 그 틈으로 잠깐씩 스치는 사람의 모습이 어느 정도 볼거리가 되는 건 사실이다. 길가 벤치나 교차로에서 차가 오가는 모습을 바라보는 사람들, 한적한 골목보다 자동차가 다니는 길을 걷고 싶어 하는 사람도 있다. 하지만 자동차를 바라보는 즐거움에는 분명한 한계가 있다. 그런 즐거움은 주변에 다른 흥미로운 볼거리나 경험이 없을 때에만 생긴다.

이탈리아 도시를 보면 차이가 드러난다. 잘 만들어진 광장이 있는 도시에서는 사람들이 자연스럽게 옥외 공간에 모여들지만, 광장도, 즐길 만한 도시 생활도 없는 곳에서는 결국 교차로 모퉁이 같은 데라도 서서 지나가는 차들을 바라본다.

베네치아처럼 오래된 보행자 도시에서는, 사람과 물건이 오가는 풍경만으로도 도시의 구조와 숨결을 읽을 수 있다. 예를 들어 신랑 신부는 결혼식 후 검은 리무진에 오르는 대신 하객들과 함께 도심을 가로질러 걸어간다. 음악가들은 악기를 들고 도심을 지나 출근하며, 잔뜩 차려입은 채 파티나 극장으로 가는 사람들도 걸어서 이동한다.

이런 맥락에서 최근 주거지를 개발할 때 주차장을

주택에서 100~200m쯤 떨어뜨려 배치하려는 경향은
긍정적이다. 이렇게 하면 길과 마당은 사람들로 활기를
띠고, 걷거나 머무르기에 훨씬 즐거워지며, 이웃끼리
마주칠 기회도 자연스레 늘어난다. 교통이나 움직임을
자동차 안, 별도의 도로망, 지하 주차장에 가두지
않고 열린 공간으로 옮김으로써, 기물 파손이나 범죄
위험으로부터 보호하는 효과를 덤으로 얻을 수 있다.

개인 차량이 건물
출입구까지 접근할 수
있는 환경에서, 옥외
활동은 크게 줄어든다.

주거지에서 자동차를
건물 바로 옆이 아니라
조금 떨어진 곳에
주차하면, 차와 집
사이를 오가는 길이
매번 중요하고도 즐거운
일상의 일부가 된다.

멜버른 거리 연구[21].

① 자동차를 건물 입구에 주차하면, 거리에는 자동차만 남는다.

② 자동차를 도로 가장자리에 주차하면, 거리에는 사람과 자동차가 함께 있게 되고, 이웃과 만날 기회도 늘어난다.

③ 자동차를 도로 끝에 주차하면, 차량 통행이 줄고 보행 흐름이 차량을 대신한다.

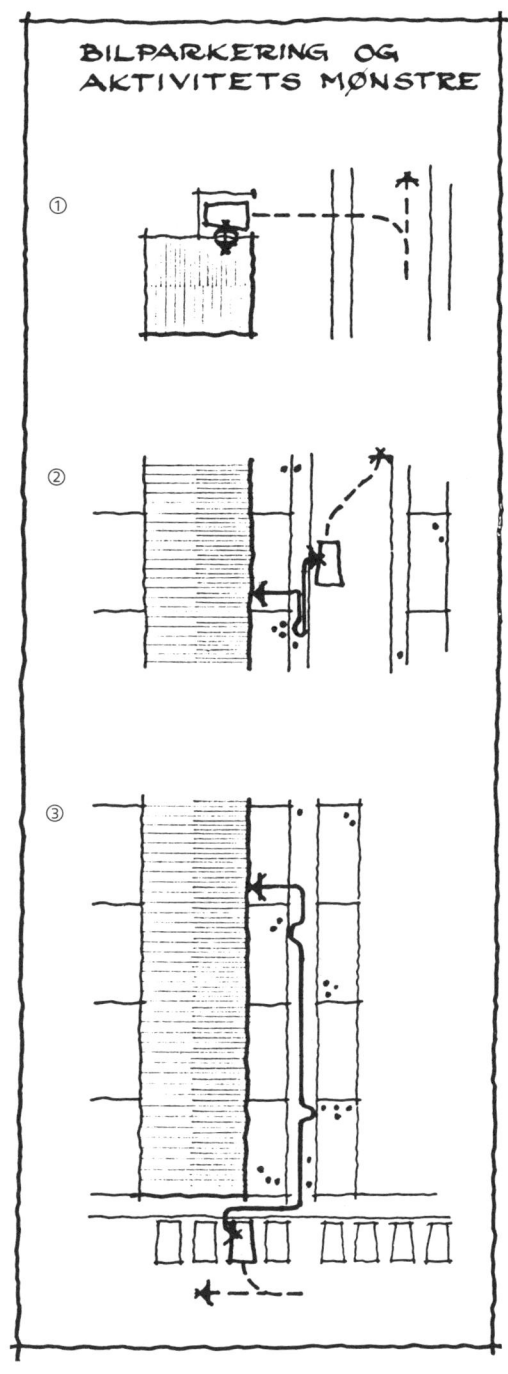

4. 걷기 위한 공간, 머물기 위한 장소
─세부 계획
(SPACES FOR WALKING, PLACES FOR
STAYING: DETAIL PLANNING)

▶ 걷기 위한 공간─머물기 위한 장소
▶ 걷기
▶ 멈추어 서기
▶ 앉기
▶ 보고 듣고 말하기
▶ 모든 면에서 즐거운 장소
▶ 유연한 경계영역

걷기 위한 공간 ― 머물기 위한 장소
(Spaces For Walking, Places For Staying)

공간이 얼마나 자주 사용되는지도 중요하지만, 그 공간이 어떻게 사용될 수 있느냐는 더 중요하다 (How Often Spaces Are Used Is One Thing ― More Important Is How They Can Be Used)

앞 장에서는 도시와 장소를 계획할 때, 어떻게 하면 사람과 기능을 같은 시간과 공간 안에 모을 수 있는지, 활동을 막거나 닫아두는 대신 통합하고, 초대하고, 열어둘 수 있는지에 대해 살펴보았다.

이러한 접근은 활동이 일어나는 빈도에 직접적인 영향을 준다. 하지만 활동의 양이나 사건의 수만으로 공공공간의 질을 설명할 수는 없다. 사람과 사건이 하나의 시공간에 모이는 건 무언가가 일어나기 위한 전제조건일 뿐이다. 더 중요한 건 그 안에서 어떤 활동이 자라고 발전할 수 있는가이다.

단순히 사람이 오고 갈 수 있는 공간을 마련하는 것만으로는 충분하지 않다. 그 안에서 사람들이 자유롭게 걷고 머물며, 다양한 사회적, 오락적 활동에 참여할 수 있어야 한다. 이런 맥락에서 옥외 환경의 각 요소가 가진 질은 결정적인 역할을 한다. 공간 하나하나의 디자인과 작은 요소의 세부 설계가 그 공간의 성격을 결정한다.

옥외 활동과 옥외 공간의 질 (Outdoor Activities and Outdoor Space Quality)

이미 언급했듯이, 옥외 공간의 질이 옥외 활동에 어떤 영향을 미치는지 주목해야 한다. 공간의 질이 높아질수록 선택 활동이, 넓게 보면 오락적, 사회적 활동이 크게 자라날 기회가 생긴다는 점이 중요하다. 반대로 이런 활동은 공간의 질이 낮아지면 쉽게 사라진다.

이 장에서는 활동의 양이 아니라 옥외 생활의 질적 측면 즉, 특징과 내용을 살펴본다. 특히 공공공간을 특별하고 의미 있는 장소로 만드는 활동일수록 물리적 환경의 질에 민감하다는 점을 강조하고 싶다.

옥외 공간의 질은 작은 스케일에서 승패가 결정된다 (the Battle for Quality Is Won or Lost at the Small Scale)

도시와 부지 계획 단계에서 내리는 큰 결정은 바람직한 옥외 공간을 만드는 밑바탕이 된다. 하지만 그 잠재력을 제대로 살리려면 세부 계획의 작은 요소까지 세심하게 고민해야 한다. 이제 옥외 환경의 질적 요구를 더 구체적으로 살펴본다.

여기에는 전반적인 요구뿐 아니라 걷기, 서기, 앉기 같은 기본 활동이나, 보고, 듣고, 이야기하기와 관련된 구체적인 내용이 포함된다. 이런 기본 활동을 출발점으로 삼는 이유는 대부분의 활동이 이 안에 담겨있기 때문이다. 걷고, 서고, 앉고, 보고, 듣고, 이야기하기에 매력적인 공간이라면, 그것만으로도 중요한 자질을 갖춘 셈이다. 게다가 이런 공간은 놀이, 스포츠, 공동체 활동이 자라나는 토대가 되기도 한다. 좋은 공간은 모든 활동의 바탕이 되고, 큰 규모의 공동체 활동도 결국 일상에서 사람들이 걷고, 보고, 이야기하는 작은 움직임에서 출발하기 때문이다. 큰일은 결국 수많은 작은 일로부터 시작된다.

아이들부터 어른, 노인까지 (Children, Adults, and Old People)

아이들이 옥외 환경에서 필요로 하는 점들은, 다른 연령대의 요구와 함께 고려해야 한다. 이어질 내용에서는 모든 사람에게 중요한 전반적인 질적 요구를 다루되, 특히 성인과 노인이 옥외 공간에서 필요로 하는 부분에 초점을 맞춘다. 우선순위를 두는 이유는, 성인과 노인의 요구와 활동을 먼저 챙길 필요가 있기 때문이다. 성인과 노인이 옥외 활동을 잘할 수 있도록 지원하는 것은, 어린이들이

세부 요소를 어떻게 다루는가는 옥외 공간의 활용도를
좌우하는 핵심 요소다. 디테일이 섬세하게 설계되면
기능적이면서 많은 사람에게 사랑받을 가능성이
커진다. 반대로 디테일이 소홀하거나 아예 고려되지
않으면 그 공간은 결국 실패할 수밖에 없다.

영국 밀턴킨스(Milton
Keynes) 주거지

스웨덴 산드비켄
(Sandviken) 주거지,
랄프 어스킨(Ralph
Erskine) 건축

안전하게 뛰놀고 성장할 수 있는 환경을 마련하는 최고의
방법이기 때문이다.

어린이들의 성장은
성인들의 옥외 활동의
질과 밀접한 연관이 있다.

걷기
(Walking)

걷기 (Walking)

걷기는 기본적으로 이동, 다시 말해 이곳저곳을 다니는 방식이다. 동시에 공공공간에 자연스럽게 머무를 수 있는 쉽고 부담 없는 방법이기도 하다. 심부름하거나, 주변을 둘러보거나, 그냥 걷고 싶어 사람들은 길을 나선다. 이유는 다양하지만, 한 번의 움직임에 여러 욕구가 섞이기도 하고, 때로는 그중 한 가지 이유만으로도 걷는다. 걷기는 종종 필요에서 비롯되지만, 단순히 그 자리에 머무를 구실이 되기도 한다. "그냥 한 번 지나가 볼까?" 하는 마음처럼.

　사람이 걷기 위해서는 신체적, 생리학적인 면에서 편안함을 느낄 수 있는 기본적인 환경이 필요하다.

보행 공간 (Room to Walk)

걷기에는 공간이 필요하다. 사람들은 방해받지 않고, 밀리지 않으며, 과하게 비켜서거나 요리조리 피해 다니지 않아도 될 만큼의 여유를 원한다. 도로 폭이 적당히 좁아 다양한 경험을 할 수 있으면서도, 스쳐 지나갈 수 있는 여유는 충분해야 한다. 걷는 동안 마주치는 방해 요소에 대해 사람이 어느 정도까지 받아들일 수 있는지 그 한계를 정의하는 것이 중요하다. 필요한 공간의 크기와 방해 요소를 견디는 정도는 사람마다, 그룹마다, 상황마다 크게 다르다.

　이런 점은 그리스 북부 도시 요아니나(Ioannina)

광장의 저녁 산책에서 잘 드러난다. 해 질 무렵 산책이 막 시작될 때는 사람이 많지 않고, 주로 아이를 데리고 나온 부모나 노인들이 광장을 오가며 걷는다. 점점 어두워지고 사람들이 몰려나오면, 처음에는 아이들이, 그다음에는 노인들이 하나둘 사라진다. 군중이 더 많아지고 혼잡해지면, 중년과 다른 어른들도 북적이는 광장에서 서서히 빠져나간다. 밤이 깊어 광장이 가장 붐빌 때쯤에는, 도시의 젊은이들만이 군중 속을 오가며 산책을 즐긴다.

도로의 치수 설계 (Dimensioning of Streets)

일상적인 상황에서 보행 혼잡도를 측정해 보면, 양방향 보행이 가능한 도로나 보도에서 쾌적하게 유지될 수 있는 최대 밀도는 1m당 1분에 약 10~15명 수준이다. 즉, 폭 10m의 보행자 전용도로에서는 분당 약 100명의 통행이 가능하다.

이보다 밀도가 높아지면 보행 흐름은 자연스럽게 양방향으로 나뉘고, 사람들은 길을 지나가기 위해 오른쪽으로 붙어야 한다. 그렇게 되면 자유롭게 움직이기 어려워지고, 서로 마주치거나 이야기를 나누기보다는 일렬로 걷게 된다. 이는 사실상 과밀 상태다.

반대로 보행량이 적다면 길은 훨씬 좁아도 된다. 옛 도시의 골목길은 집 안 복도처럼 폭이 1m를 넘지 않았고, 시골의 오솔길은 30cm 남짓에 불과했다.

'바퀴 달린' 보행자 흐름 (the "Wheeled" Walking Traffic)

'바퀴 달린' 보행 교통, 즉 유모차, 휠체어, 쇼핑 카트와 같은 이동 수단은 특히 더 넉넉한 공간을 요구한다. 이런 흐름까지 고려한다면, 보행 공간은 한층 더 여유롭게 마련되어야 한다. 코펜하겐 중심가 스트뢰에는 원래 자동차와 좁은 보도가 섞여 있던 도로였지만, 보행자 전용 거리로 바뀌며 보행 구역의 폭이 네 배로 넓어졌다. 그 효과는 다음의 통계로 나타났다. 전환 후 1년 동안 보행자

수는 약 35% 증가했지만, 유모차 수는 무려 400%나
늘었다.

유모차와 휠체어, 그리고
모든 이의 발걸음을 위한
세심한 설계가 필요하다.

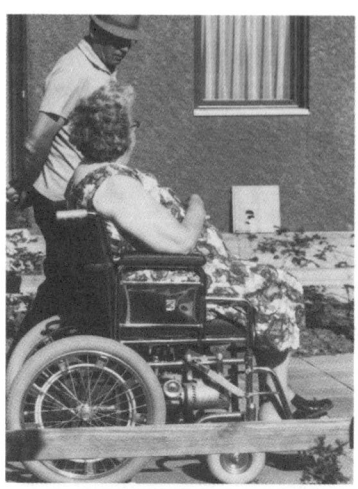

보행자는 도로포장 재료와 노면 상태에 꽤 민감하다. 둥근
돌멩이, 모래, 포장되지 않은 자갈길로 된 울퉁불퉁한
거리표면은 대체로 보행에 적합하지 않으며, 특히 보행이
불편한 사람에게는 더욱 그렇다. 노면 상태가 나쁘면 일반
보행에도 영향을 미친다. 사람들은 젖거나 미끄러운 바닥,
물웅덩이, 눈, 진창 같은 구간을 될 수 있으면 피하려 한다.
이런 조건은 특히 보행 약자에게 큰 불편을 준다.

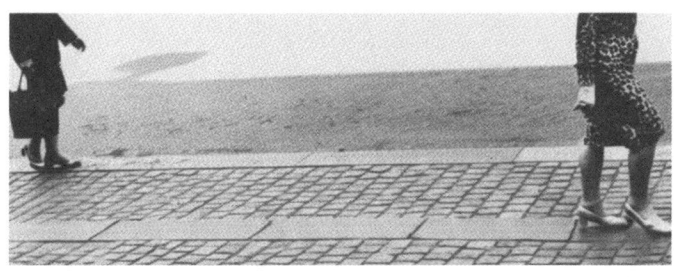

**보행 가능한 거리 ― 실제
거리와 사람들이
느끼는 거리 (Walking
Distances ― Physical
Distance, Experienced
Distance)**

걷기는 신체적으로 부담이 따르는 활동이며, 대부분
사람이 걷거나 걷고 싶어 하는 거리에는 분명한 한계가
있다. 여러 조사에 따르면, 일상적인 상황에서 사람들이
받아들일 수 있는 거리는 약 400~500m 정도다. 어린이,
노인, 장애인에게는 이보다 훨씬 짧은 거리가 적당하다.

걷는 거리를 결정할 때 중요한 건 물리적 거리만이
아니다. 체감 거리, 즉 그 거리를 어떻게 느끼는지가
결정적이다. 길의 길이가 500m라도 일직선에 완전히
전망이 트이고 밋밋하기까지 하다면, 보행자에게 무척
멀고 힘겨운 거리가 된다. 반대로 같은 거리라도 중간중간
시각적 변화가 있어 길이 나뉘어 보이거나, 약간 굽어
전체가 한눈에 보이지 않고, 주변 환경이 쾌적하면 훨씬
짧게 느껴진다. 결국, 걷기에 적합하다고 느끼는 거리는
거리의 길이와 질, 그리고 걷는 동안 느끼는 안전함과
즐거운 자극이 어떻게 어우러지느냐에 달려 있다.

끝없이 이어지는
밋밋한 직선 보행로는
보행자에게 무척 멀고
힘겨운 거리가 된다.

걷기에 적합하다고
느끼는 거리는 매우
주관적이다. 물리적
거리만큼이나 보행의
질이 중요하다.

보행 경로
(Walking Routes)

걷는 일은 피로감을 주는 행동이기에, 보행자는 이동
경로에 민감하다. 사람들은 돌아가거나 옆길로 우회하는
일은 피하려 하고, 목표 지점이 눈에 보이면 곧장
그쪽으로 향한다. 언제나 더 짧고 직선적인 길, 지름길을
선호하며, 이 경향을 막을 수 있는 건 위험한 교통
상황이나 큰 장애물 같은, 심각한 방해물뿐이다.

사람들이 가장 짧은 길을 택하려는 성향은 여러
조사에서 잘 드러난다. 코펜하겐의 한 광장 조사를 보면
보행자들이 광장을 대각선으로 가로질렀다. 그 길을
선택하면 광장 중앙의 낮은 구역을 지나며 짧은 계단 두
개를 오르내려야 함에도 말이다.

시에나의 캄포 광장(50쪽 참조)에서도 비슷한 모습이
관찰됐다. 이 경우에도 사람들은 광장을 가로질러 약
135m를 걸었는데, 그 길은 먼저 3m를 내려갔다가 다시
3m를 올라가야 하는 경사 구간이었다.

차량 통행이 있는 도로에서도 사람들은 가장 안전한

코펜하겐의 한 광장에서
보행자 동선을 조사한
결과, 거의 모든 사람이
광장을 가로지르는 가장
짧은 경로를 택했다.
중앙의 낮은 구역을 피해
돌아간 건 자전거를
타거나 유모차를 미는
사람들뿐이었다.

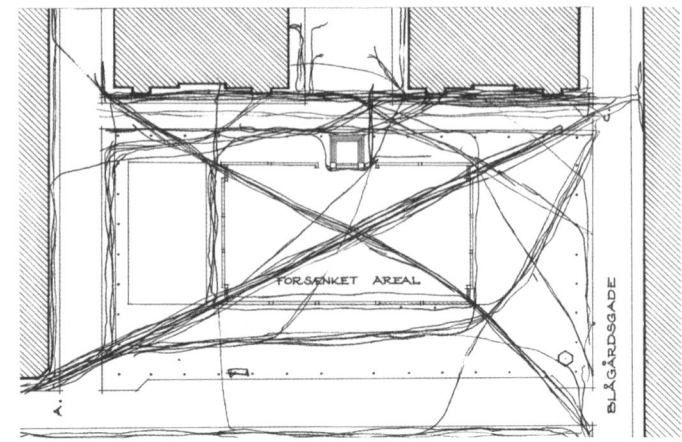

잔디밭을 밟고 지나가는
보행자. 도시계획가들은
직각을 선호하지만,
보행자의 이동 방식은
그렇지 않다.

네덜란드의 주거지. 짧은
길을 선택하려는 보행
패턴이 잘 보인다.

길보다 가장 짧은 길을 택하는 경우가 많다. 자동차
통행이 매우 잦거나, 도로 폭이 아주 넓거나, 횡단보도가
잘 배치된 경우에만 제대로 이용한다.

　차량 통행이 잦고, 장애물이 많으며, 길을 건너기도
어렵다면 보행자들은 목적지로 곧장 갈 수 없고 여러 번
돌아가야 한다. 결국, 불편하고 비효율적인 경로를 따르게
된다. 코펜하겐 중심부의 광장 콩엔스 뉘토르브(Kongens
Nytorv)의 사례는 이런 상황을 잘 보여준다. 이곳에서는
광장을 자유롭게 가로지를 수 없고, 보행자들은 테두리와
안쪽에 섬처럼 흩어져 있는 크고 작은 '보행섬(pedestrian
island)'을 옮겨 다녀야 했다. 1970년대에는 무려 48개의
보행섬을 오가야 했다. 반면, 1905년 사진을 보면,
사람들은 광장을 여유롭게, 원하는 방향으로 자연스럽게
가로지르고 있다. 두 모습은 뚜렷이 대비된다.

코펜하겐 콩엔스
뉘토르브(Kongens
Nytorv) 정경, 1905.

코펜하겐 콩엔스
뉘토르브 정경, 1971.

1971년의 콩엔스
뉘토르브 지도.
도로교통이 보행로를
잠식하면서, 보행자들은
48개의 '보행섬'에
갇혀버렸다.

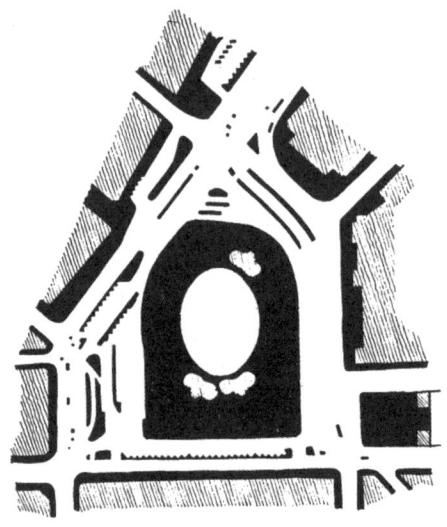

| **보행 거리와 보행 동선 (Walking Distances and Pedestrian Routes)** | 멀리 있는 목적지가 눈에 들어오면, 아직 그 거리만큼 걸어야 한다는 생각만으로도 피곤하다. 하지만 그보다 더 불합리하게 느껴지는 순간은, 목적지가 분명히 보이는데도 곧장 갈 수 없고 엉뚱한 길로 돌아가야 할 때다. 이는 보행 동선을 어떻게 설계할지에 대해 중요한 시사점을 던진다. |

비록 목적지가 시야에 들어오지 않더라도, 길의 흐름은 보행자가 방향감을 유지할 수 있도록 일관되게 목적지를 향해야 한다. 가까운 거리에 목적지가 보인다면, 돌아가지 않고 곧장 도달할 수 있도록 설계에 반영하는 것이 중요하다.

보행에 적합한 공간 (Spaces Favorable for Walking)

걷기 좋은 보행 시스템에서 중요한 것 중 하나는, 한 지역 안에서 사람들이 자주 찾는 장소를 가장 짧고 빠른 경로로 연결하는 것이다. 자동차나 대중교통 같은 주요 교통 흐름이 정리된 다음에는, 이제 보행 네트워크의 각 경로를 어디에 둘지, 또 어떻게 설계할지가 중요한 과제로 남는다. 길 하나하나의 위치와 형태가 전체 보행 환경의 질을 결정짓기 때문이다.

공간 구성의 흐름 (Spatial Sequences)

보행 동선을 계획할 때 길고 직선적인 경로는 가능한 피하는 것이 좋다. 지나치게 단조로운 직선 경로는 보행 경험을 지루하게 만들고, 실제 거리보다 더 멀게 느껴지게 한다. 약간 굽거나 리듬감 있게 단절된 경로는 보행자의 감각을 자극해, 걷는 경험을 흥미롭게 만든다. 굴곡진 보행로는 기능적으로도 장점이 있다. 바람의 흐름을 분산시켜 직선 도로보다 더 쾌적한 보행 환경을 제공한다.

특히 거리와 작은 광장이 교차하며 반복되는 구조는, 보행 거리를 짧게 느끼게 하는 효과적인 설계 전략이다. 보행자는 전체 거리를 하나로 인식하기보다, 구간마다 목적지를 새롭게 설정한다. "이번엔 저 광장까지", "다음엔 저 코너까지만" 하는 식으로 단계를 나누면, 전체 여정이 훨씬 덜 부담스럽다.

보행은 단지 한 지점에서 다른 지점으로 이동하는 행위가 아니다. 걷기 좋은 길은, 사람을 어떻게 걷게 할 것인지, 공간을 어떤 흐름으로 느끼게 할 것인지에 대한 세심한 설계의 결과다.

보행 동선이 건물 사이를 통과할 때는, 예상 보행자 수에 맞춰 공간 규모를 설계해야 한다. 그래야 보행자는 아늑함과 방향감을 유지할 수 있고, 지나치게 넓은 공간에서 목적 없이 흩어지는 느낌을 받지 않는다.

동선 일부에 폭이 좁은 구간이 있다면, 의미 있는 '공간 대비(spatial contrast)'가 생긴다. 예를 들어, 폭 3m의 보행로 뒤에 20m 폭의 공간이 펼쳐지면, 사람들은 그곳을 거리가 아닌 광장처럼 인식한다. 넓은 공간은 갑자기 마주칠 때보다, 좁은 공간을 지나 서서히 드러날 때 훨씬 더 풍부하게 보인다. 공간 전체가 인간의 감각과 비례에 맞춰 조화를 이루려면, '작은 공간'은 실제로 충분히 작아야 한다. 그렇지 않으면 큰 공간은 불필요하게 거대해 보이고, 사람의 몸과 감각에서 멀어진다.

열린 옥외 공간의 보행자 경로 (Pedestrian Routes in Open Spaces)

넓은 공간을 가로지를 때는 한가운데로 걷기보다 가장자리를 따라 걷는 편이 훨씬 편하다. 가장자리로 걷다 보면, 한쪽에는 탁 트인 광장이나 들판이, 다른 한쪽에서는 건물 입면이나 숲의 경계처럼 세부적인 풍경이 함께 펼쳐진다. 넓은 공간과 섬세한 디테일을 동시에 경험할 수 있으니, 같은 길 위에서 두 가지를 누리는 셈이다. 특히 비가 오거나 어둠이 내릴 때는, 몸을 가려주는 건물 벽 같은 경계를 따라 걷는 쪽이 훨씬 더 안전하고 편하다.

넓은 공간의 가장자리에 보행 동선을 두는 원칙은

남유럽 도시의 광장에서 특히 세련되게 구현되어 있다.
이곳에서는 광장 주변을 따라 낮은 아케이드가 이어지고,
사람들은 자연스럽게 가장자리를 따라 이동한다.
사람들은 바람과 비를 피할 수 있는 아늑한 기둥 사이를
걸으면서, 동시에 광장의 전경을 여유롭게 감상한다.

  이와 대조적인 사례로는, 주거지의 그린벨트
한가운데를 가로지르는 보행로가 있다. 길이 공간의
중앙을 차지하면서, 양옆에는 그저 '자투리처럼 남은 작은
녹지 조각(little strips of landscape)'만이 애매하게
자리하고 있다.

보행 동선이 공간
한가운데를 가로지르면,
넓은 전망도 디테일도
제공되지 않는다.

보행 동선이 개방된
공간의 가장자리에
놓이면, 보행자는 양쪽
세계의 장점을 모두 누릴
수 있다. 한쪽에는 밀도와
생동감, 세밀한 요소가
있고, 다른 한쪽에는 공간
전체를 한눈에 바라볼
수 있는 탁 트인 시야가
펼쳐진다.

우회 동선처럼, 높낮이 차이도 보행자에게는 상당히
불편한 요소다. 많이 올라가거나 내려가야 할 경우, 더
많은 신체적 노력이 필요하고, 걷는 리듬도 쉽게 깨진다.
그래서 사람들은 가급적이면 오르내리는 일 자체를
피하거나, 우회하려는 경향을 보인다.

앞서 언급한 코펜하겐의 광장(166쪽)이나 시에나의
캄포 광장처럼, 우회를 피하려고 높낮이의 불편을
감수하는 사례가 있다. 하지만 경사나 레벨 차이가 이보다
더 크고 까다로운 상황이 되면 얘기가 달라진다. 사람들은
차라리 다소 돌아가더라도 평탄한 길을 택하거나, 때로는
위험을 무릅쓰더라도 오르내리는 길은 피하려 한다.

스웨덴 룬드 공과대학의 올라 포엘마르크(Ola
Fågelmark)는 교통량이 많은 도로를 사이에 두고, 버스
정류장에서 맞은편 쇼핑센터로 이동하는 보행자의 이동
경로를 조사했다. 보행자에게는 세 가지 선택지가 있었다.
약 50m를 우회해 횡단보도를 이용하는 길, 차도를 그대로
가로지르는 길, 두 번의 계단을 오르내려야 하는 지하
통로 등이었다. 그 결과, 보행자의 83%는 우회하더라도
횡단보도를 이용했고, 10%는 차도를 직접 건넜으며,
7%만이 지하 통로와 계단을 선택했다. 사람들을 억지로
육교로 보내려면, 동선을 완전히 차단하는 강력한 장치가
등장해야 한다.

복층 구조의 도심 공간이나 쇼핑몰이 잘 활용되지
않는 이유는, 사람들이 위층이나 아래층으로 움직이는 걸
부담스럽게 느끼기 때문이다. 에스컬레이터처럼 비교적
편리한 수직 이동 수단이 있다 해도, 사람들을 위층으로
유도하는 일은 쉽지 않다. 실제로 백화점에서도 가장
붐비는 곳은 늘 1층이다.

다층 주거 공간에서도 비슷한 문제가 나타난다. 계단은
실질적으로도, 심리적으로도 보행자에게 장벽이 된다.

같은 층 안에서는 방에서 방으로 쉽게 이동하지만, 한 층 위나 아래로 가는 일은 주저하게 된다. 이런 이유로 모든 층을 고르게 사용하기가 쉽지 않고, 사람들은 대부분 1층이나 가장 낮은 층에 몰린다. 한 번 아래층으로 내려오면, 다시 위로 올라가려는 마음은 좀처럼 생기지 않는다.

계단이 얼마나 큰 장벽이 되는지를 잘 보여주는 예는, "조만간 옮겨야지"하며 계단에 쌓여 있는 물건들이다. 그들은 계단 중간에 멈춰 서, 올라가거나 내려갈 '적당한 타이밍'을 기다리고 있다.

높낮이 차이는 공간설계에서 결코 가볍게 넘길 수 없는 복잡한 문제다. 옥외 공간에서는 특히, 단 차는 아예 피하는 것이 가장 좋고, 불가피하다면 심리적 부담 없이 사용할 수 있도록 연결하는 것이 중요하다.

수직 동선에서도 설계의 원칙은 같다. 수평 동선처럼 이동이 단순하고 직관적으로 느껴져야 한다. 가파르고 긴 계단보다는, 짧고 완만한 경사나, 구간별로 나뉜 짧은 계단이 훨씬 덜 부담스럽다.

예를 들어, 길게 이어진 가파른 계단은 쉽게 피로감을 주지만, 계단참처럼 잠시 멈춰 설 수 있는 공간이 있는 계단은 수월하게 느껴진다. 작은 광장을 하나씩 거치며, 리듬감 있게 걷는 듯한 느낌을 준다. 로마의 스페인 계단은 이 원리를 우아하게 보여주는 대표적인 사례다.

보행 동선을 위아래로 연결해야 할 때, 오르막보다는 내리막이 심리적으로 덜 부담스럽다. 육교보다는 지하보도가 낫다고 받아들여질 수 있다. 적어도 출발은 내리막이니까.

육교나 지하도를 꼭 설치해야 한다면, 보행자의 방향성과 리듬을 해치지 않는 설계가 중요하다. 완만하게 휘어진 육교나 부드럽게 이어지는 지하도처럼, 수평에

가까운 동선이 이상적이다. 그래야 걷는 흐름이 끊기지
않고 자연스럽게 이어진다.

"조만간 옮겨야지"하며
계단에 쌓여 있는 물건들

특히 옥외 공간에서는
높낮이 차를 아예 피하는
것이 좋다.

**계단보다는 경사로
(Ramps Rather
Than Stairs)**

보행 동선을 높낮이로 연결해야 한다면, 계단보다 기울기가 완만한 경사로가 더 낫다. 유모차나 휠체어 등 바퀴 달린 이동 수단을 사용하는 사람들도 부담 없이 오를 수 있다.

결국 보행 공간을 설계할 때 지켜야 할 가장 기본적인 원칙은 명확하다. 가능하면 단 차를 만들지 말고, 피할 수 없다면 경사로를 두는 것이다.

독일 오스나브뤼크
조경학과의 정원 산책로.
계단과 단(段)은
사용자보다는 설계자들이
더 좋아하는 요소처럼
보인다.

영국 뉴캐슬
바이커(Byker) 지역.
경사로와 계단 중
자유롭게 선택할 수
있도록 설계되어 있다.

멈추어 서기
(Standing)

멈추어 서기
(Standing)

걷거나 앉는 일은 단순히 서 있는 것에 비해 주변 환경에 더 민감하다. '서 있기'는 사람이 공공공간에서 어떤 식으로 반응하고 행동하는지를 가장 잘 보여주는 예다. 그래서 이 장에서는 '서 있는 행위'를 중심으로 한 머무름의 모습을 살펴보고자 한다. 공공공간에서 사람이 잠시 멈춰 설 수 있는 조건을 마련하는 일은 분명 중요하다. 이때 핵심은 단순한 '멈춤'이 아니라, '머무름(staying)'이라는 점에 주목해야 한다.

잠시 멈추어 서기 (Stopping for a Moment)	'멈추어 서기'는 대부분 기능적인 행동이다. 신호를 기다리거나, 무언가를 잠깐 살펴보거나, 옷매무새를 고치거나 신발 끈을 묶을 때처럼, 대체로 짧은 시간 동안 이뤄진다. 이는 물리적 환경의 영향을 거의 받지 않는다. 사람들은 보도 끝, 건물 벽 옆처럼 적당한 지점을 찾아 잠시 멈춘다.
누군가와 대화를 나누기 위해 잠시 멈추어 서기 (Standing to Talk to Someone)	누군가와 마주쳐 서서 대화하게 되는 상황은, 어느 정도 자연스럽지만 피하기도 어렵다. 길에서 익숙한 사람을 만나면, 보통 그 자리에서 곧바로 이야기가 시작된다. 괜히 피하거나 그냥 지나치면 예의가 아니니, 어찌 보면 '불가피한 상황'이기도 하다. 대화가 길어질지 짧을지는 누구도 알 수 없다. 더 적당한 장소로 옮기자고 제안하기도 쉽지 않다. 옥외 공간에서 사람들이 마주치는 곳이라면 어디서든 대화를 나누는 모습을 볼 수 있다. 계단 위, 가게 문 앞, 혹은 공간 한가운데 등, 시간과 장소를 가리지 않고 대화 그룹이 형성된다.
한동안 멈추어 서기 (Standing for a While)	잠깐 멈추는 수준을 넘어, 한동안 멈춰 서 있게 하려면 또 다른 조건이 필요하다. 누군가를 기다리거나, 풍경을 감상하거나, 주변을 둘러보며 머무는 시간이 길어지면, '멈춤'은 '머무름'으로 바뀐다. 이 시점부터는, 서 있는 위치가 중요하다. 머무르기 좋은 공간인지 아닌지가, 그 자리에 계속 서 있을지를 결정짓기 때문이다.
머무름을 위한 공간 — 가장자리 효과 (Zones for Staying — the Edge Effect)	사람들이 머무르기 좋아하는 자리에는 공통점이 있다. 건물의 파사드 주변이나, 두 공간이 맞닿는 전이 구역이다. 맞닿은 두 공간을 한눈에 조망할 수 있다면, 더없이 좋은 자리다. 사회학자 더르크 더 용어는 네덜란드인들이 여가를 보내는 공간을 대상으로 한 연구에서, 이

현상을 '가장자리 효과(edge effect)'라고 불렀다[25].
사람들은 숲의 끝, 나무 무리 주변, 해변의 경계나 공터의
가장자리를 선호한다. 반면, 넓게 탁 트인 평지나 해변의
한가운데는 가장자리 공간이 모두 찼을 때 비로소
사용된다.

도시 공간에서도 이와 같은 경향이 나타난다. 사람들은
광장이나 거리, 공공장소의 중심보다는 경계나 가장자리
가까운 곳에 멈춰 선다. 이유는 단순하다. 그 자리에 서면
공간 전체를 한눈에 조망할 수 있기 때문이다.

에드워드 T. 홀은 《숨겨진 차원》에서 또 다른 설명을
덧붙인다. 숲의 가장자리나 건물 벽면 가까운 자리는
타인과 적당히 거리를 두고 심리적 안정을 유지하기에
적절한 위치라고 말한다. 이러한 자리는 탁 트인
한가운데보다 심리적, 신체적으로 덜 노출된다. 주변
사람들의 움직임을 방해하지 않으면서, 주위를 관찰할 수
있고 나 자신은 과하게 드러나지 않는다.

벽을 등지면 개인의 심리적 영역은 시선이 닿는
전반부의 반원으로 압축된다. 타인은 정면에서만 다가올
수 있으므로, 예상치 못한 접근에도 쉽게 반응할 수 있다.
원치 않는 침입이 있을 때는 "여긴 내 자리"라는 표정
하나만으로도 경계 신호를 보낼 수 있다.

이탈리아 아스콜리
피체노(Ascoli
Piceno)에서 이루어진
조사. 시청 광장에 서
있는 사람들을 점으로
표시했다. 사람들이
광장의 중심이 아니라
가장자리 쪽에 모여 서
있다.

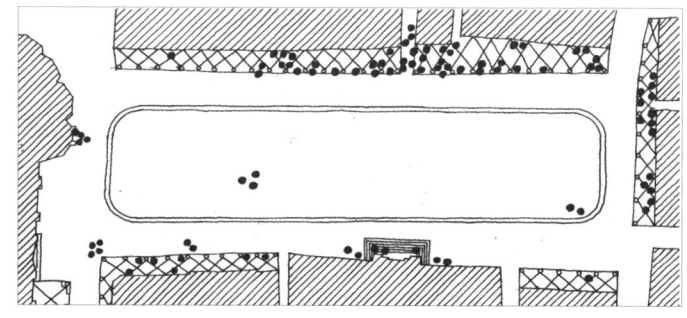

아스콜리 피체노의
광장에 서 있는 사람들.
사람들은 주로 건물 외벽,
아케이드 아래, 벽면의
틈, 기둥 옆 같은 곳에서
머무른다.

암스테르담의 거리에서
사람들이 건물 벽면
가까운 곳에 앉아 시간을
보내고 있다.

**사람의 활동은
가장자리에서 중심을
향해 확장된다
(Activities Grow
from the Edge
toward the Middle)**

가장자리 공간은 머무르기에 실용적일 뿐 아니라
심리적으로도 편안하다. 특히 건물 파사드를 따라
형성된 자리는, 사람들이 자연스럽게 머물다가 활동으로
이어지는 바람직한 옥외 공간이다.

집안에서 하던 일들을 외부로 옮겨갈 때에도 파사드
주변이 더 무난하다. 머무르기에 가장 자연스러운 자리는
문 앞이다. 그 자리에 서 있으면, 필요에 따라 더 나갈
수도 있고, 그냥 머물 수도 있다. 공간 한가운데로 나서는
것보다, 가장자리에 가만히 서 있는 쪽이 신체적으로도,
심리적으로도 훨씬 편하다. 시간을 보내다, 언제든 마음이

179

내킬 때 한 발짝 더 내딛기만 하면 된다.

결국, 우리는 이렇게 정리할 수 있다. 공공공간에서 벌어지는 일들은, 안쪽, 곧 가장자리에서 시작해 중심으로 자라난다. 아이들은 처음엔 현관 앞이나 문턱에 모여 있다가, 놀이가 시작되면 점점 멀리 나가 공간 전체를 활용한다. 다른 연령대도 마찬가지다. 대개는 우선 현관 앞이나 건물 외벽 주변에 자리 잡고 있다가, 상황에 따라 밖으로 나가거나 다시 집 안으로 들어가거나, 혹은 그 자리에 머문다.

크리스토퍼 알렉산더는 그의 저서 《패턴 랭귀지: 도시, 건축, 건설을 위한 언어(이용근 외 역, 인사이트, 2013. 원제 A Pattern Language)》에서 공공공간의 가장자리 효과에 대한 통찰을 다음과 같이 요약한다. "가장자리가 제대로 작동하지 않으면, 그 공간은 결코 활기를 띠지 않는다."[3]

미국 뉴욕 브루클린의 주거 지역 거리. 가장자리가 살아 있으면, 공간도 살아난다.

머무름을 위한 구역 — 반쯤 그늘진 자리 (Zones for Staying — Half Shade)

숲 가장자리, 나뭇가지 아래에 드리운 '빛과 그늘이 어우러진 풍경(dappled background)'은 사람들이 머물며 활동하기에 매력적인 조건을 제공한다. 적당히 가려져 있으면서도, 넓은 공간을 바라볼 수 있는 자리다. 도시 공간에서는 건물 외벽을 따라 설치된 '주랑(colonnade, 柱廊)', '차양(awning)', '햇빛 가리개(sunshade)'가 비슷한 효과를 낸다. 사람들은 그곳에서 머물며 주위를 관찰할 수 있으면서도, 자신은 필요 이상으로 드러나지 않는다.

주거 공간에서도 이와 비슷한 요소를 볼 수 있다. 파사드의 니치(벽감(壁龕). 벽면을 오목하게 파낸 공간. 역자 주), 출입구 앞의 포치, 베란다, 앞마당의 식재 등은 모두 안정된 위치에서 바깥 풍경을 바라볼 수 있는 구조다. 시선은 열려 있고, 몸은 적당히 가려진다.

서 있는 공간 — 기댈 수 있는 지지 요소 (Standing Places — Supports)

공간 안에서 머물고자 할 때, 사람들은 어디에 설지 신중하게 고른다. 니치, 모서리, 문간, 기둥 옆이나 나무 아래, 가로등 옆처럼 작고 구체적인 '지지 요소(supports)'가 있으면 자연스럽게 멈춰 서게 된다.

남유럽 도시 광장에서 흔히 볼 수 있는 볼라드는 사람들이 서거나 기대는 자리를 제공한다. 사람들은 그 옆에 서 있거나, 몸을 기대거나, 주변에서 장난을 치거나, 물건을 잠시 올려둔다.

시에나의 캄포 광장에서는 거의 모든 '서 있는 활동'이 이 볼라드 주변에서 일어난다. 시에나 광장의 볼라드는 광장의 두 영역이 맞닿는 경계선에 정확히 배치되어 있다.

이탈리아 시에나, 캄포 광장. 기댈 수 있거나, 물건을 둘 수 있는 곳들이 제공되어 있다.

**머무름을 위한
지지 요소 ─ 실내의
경우와 실외의 경우
(Supports ─ Indoors
and Outdoors)**

공공장소나 낯선 환경에서 사람들은 지지 요소를 찾는다.
식당, 호텔의 로비, 혹은 파티가 막 시작된 자리를 보면
그러한 경향을 쉽게 발견할 수 있다. 사람들은 벽에
기대어 서 있거나 가구 근처에 자리를 잡으며 공간에
적응한다. 놀이도 비슷하다. 초반에는 가구나 장난감
근처에 머물며 익숙해지는 시간을 갖는다.

공원이나 주택가 근처의 잔디밭처럼 주변에 기대거나
몸을 붙일 수 있는 구조물이 전혀 없는 열린 공간에서는
사람들이 쉽게 들어가 앉지 않는다.

**머무르기 좋은 도시는
불규칙한 파사드를
갖는다 (Good Cities
for Staying Out
in Have Irregular
Facades)**

사람들이 공공공간에 자연스럽게 머물게 하려면,
세부적인 설계가 매우 중요하다. 벤치, 기둥, 식물, 나무가
없고, 파사드에도 움푹 들어간 자리나 벽면의 틈새,
출입구, 계단 같은 흥미로운 디테일이 없다면 잠시 설
만한 곳을 찾기 어렵다. 머물기 좋은 도시는 단조롭지
않은 파사드와 기대거나 머무를 수 있는 다양한 구조물을
갖추고 있다.

단조로운 파사드에는
사람들이 잠시 머물 수
있는 곳이 없다.

파사드의 움푹 들어간
자리는 기대거나 머물 수
있는 장소를 제공한다.

사람들은 니치처럼 움푹
들어간 공간에 서기를
좋아한다. 이곳에 서 있는
사람은 일정 부분 주변에
노출되지만, 원하면 한
걸음 물러서 그림자
속으로 자신을 숨길 수
있다.

앉기
(Sitting)

잘 계획된 도시에는 앉을 자리가 많다
(Well-functioning City Areas Offer Many Opportunities for Sitting)

도시와 주거지의 모든 공공공간에서 '앉을 수 있는 조건'을 이해하는 것은 중요하다. 사람이 일단 앉을 수 있어야 머무는 시간이 생긴다. 앉을 자리가 부족하거나 불편하면, 사람들은 그냥 스쳐 지나간다. 이런 환경에서는 공공공간 체류 시간이 짧아지고, 그 안에서 가능했을 의미 있고 매력적인 활동이 시작조차 되지 못한다.

앉기 좋은 자리는 공공공간을 매력적으로 만드는 활동—먹기, 책 읽기, 낮잠, 뜨개질, 체스, 일광욕, 사람 구경, 대화—이 시작될 수 있는 기반이다. 이러한 활동은 도시나 주거지 공공공간의 질을 결정하는 핵심 요소다. '앉기 좋은 자리'가 있는지 없는지는 그 공간 환경의 수준을 평가하는 중요한 기준이다. 어떤 지역의 옥외 환경을 빠르게 개선하고 싶다면, 더 많고 질 좋은 앉을 자리를 만드는 것부터 시작하면 된다.

앉기 좋은 자리
(Good Places to Sit)

앉는 행위는, 날씨나 공간의 형태, 주변 환경 등 생각보다 많은 조건이 필요하다. 이 조건에 대해서는 뒤에서 더 살펴보기로 하자. 앉기 좋은 자리를 만드는 데 필요한 조건은, 사람이 서 있는 공간에 필요한 조건과 크게 다르지 않다. 앉는 행위는 단순히 서 있는 것보다 훨씬 많은 것을 요구한다. 그만큼 조건의 중요성도 커진다.

184

앉는 행동은 외부 환경이 충분히 쾌적할 때만 이루어지며, 사람들은 어디에 앉을지를 매우 신중하게 고른다.

**앉을 자리 선택
(Choice of Sitting
Places)**

앞서 살펴본 '가장자리 효과(edge effect)'는 사람들이 앉을 자리를 고를 때도 분명하게 나타난다. 사람들은 대부분 공간의 중심보다는 건물 외벽이나 경계선 근처를 택한다. 서 있을 때와 마찬가지로, 주변 환경의 디테일 속에서 기대거나 몸을 의지할 수 있는 무언가를 찾는다. 니치 안쪽이나 벤치의 끝처럼 등을 기댈 수 있거나 경계가 뚜렷한 자리를 그렇지 않은 애매한 자리보다 더 편안하게 느낀다.

이러한 경향은 여러 연구에서 확인된다. 사회학자 더르크 더 용어(Derk de Jonge)는 "식당과 카페에서의 좌석 선호(Seating Preferences in Restaurants and Cafés)"라는 연구에서, 사람들이 등이나 옆이 벽에 닿고 전체 공간을 조망할 수 있는 자리를 선호한다고 밝혔다.

특히 실내와 실외를 동시에 볼 수 있는 창가 자리는 인기가 높다. 식당에서 손님을 안내해 본 사람이라면 누구나 공감할 것이다. 혼자든 여럿이든, 손님은 가능한 벽 쪽 자리를 원하며, 그런 자리가 비어 있는 한, 굳이 공간의 한가운데에 앉으려는 사람은 드물다.

설계 도면 위에서는 광장 한가운데 놓인 벤치가 멋져 보일 수 있다. 하지만 사람들은 대개 주변으로부터 보호받는, 아늑한 자리를 고른다.

사람들이 가장 많이 앉는 자리는 대개 가장자리다. 등 뒤가 막혀 있어 안정감을 주고, 앞은 시야가 열려 있으며, 기후 조건도 한결 쾌적한 곳이다.

앉을 자리의 배치 (Placement of Seating)

좌석을 어디에 어떻게 배치할지는 신중하게 계획해야 한다. 하지만 현실에서는 깊은 고민 없이 아무렇게나 놓인 좌석을 쉽게 볼 수 있다. 디자인적으로는 눈길을 끌지만, 공공공간 한가운데 맥락 없이 덩그러니 놓인 벤치도 흔하다. 이런 배치가 사람의 심리를 고려하지 않은 설계 원칙 때문인지, 아니면 설계 도면에 빈 공간이

생기는 것을 두려워한 결과인지는 알 수 없다. 겉보기에는
앉을 자리가 충분해 보이지만, 막상 앉으려면 불편하고
부적절한 경우가 많다. 따라서 공간의 구조와 기능을
면밀히 분석한 뒤 좌석 배치를 결정해야 한다.

　각 벤치나 좌석 공간은 그 자리에 어울리는 고유한
성격을 지니고 있어야 하며, 될 수 있으면 공간 안의 작은
틈새, 예컨대 니치나 모서리처럼 아늑함과 안정감을 주는
장소에 배치되어야 한다. 이런 곳은 대개 햇빛과 바람 등
환경 조건도 더 쾌적하다.

벤치를 공공공간에
무계획적으로
설치한다면, 그 장점을
누리는 건 벤치
제조업체뿐이다.

**좌석의 방향과 시야
(Orientation and
View)**

앉을 자리를 선택할 때, 방향과 시야는 결정적인 요소다.
사람들이 공공장소에서 어디에 앉을지 정할 때는, 그
자리가 주는 장점을 따진다. 구체적으로는 그 자리의 위치,
공간의 성격, 날씨, 그리고 주변에서 벌어지는 일들을 볼
수 있는 시야 등이 결정에 영향을 미치며, 기왕이면 이런
조건을 두루 갖춘 자리를 원한다.

　앞서 언급했듯, 사람들은 주변에서 일어나는 일을
볼 수 있는 자리를 특히 선호한다. 여기에 햇볕이 잘

드는지, 바람이 너무 세지 않은지와 같은 환경 조건도
함께 고려된다. 따라서 주변 활동을 가로막힘 없이 볼 수
있으면서도 햇볕이 너무 뜨겁거나 바람이 너무 강하지
않아 적절히 보호받는 자리는 그렇지 않은 자리보다 늘
인기가 많다.

좌석의 유형 (Type of Seating)

세 번째이면서, 보다 현실적인 조건은 '좌석의 유형'이다.
사람마다 필요로 하는 좌석의 형태가 다르다. 아이들이나
청소년은 비교적 관대하다. 바닥, 길가, 계단, 분수대의
가장자리, 화분 위 등 앉을 수만 있다면 크게 개의치
않는다. 이들에게는 좌석의 형태보다 공간의 분위기나
상황이 더 중요하다.

반면, 다른 연령대는 좌석 자체에 더 많은 것을
요구한다. 대부분의 사람에게는 '제대로 된 좌석', 즉
벤치나 의자가 있어야 한다. 특히 노년층에게 좌석의
편안함과 실용성은 무엇보다 중요하다. 앉기 쉽고, 무리
없이 일어설 수 있어야 하며, 오래 머물러도 불편하지
않아야 비로소 쓸 만한 자리가 된다.

벤치나 의자 같은 주요 좌석 (Primary Seating)

다양한 사람들이 머물 수 있는 여러 형태의 좌석이 있어야
잘 구성된 도시의 공공공간이라 할 수 있다. 벤치나 의자
같은 주요 좌석(primary seating)은, 앉을 자리를 선택할
때 예민한 사람도 편하게 사용할 수 있어야 하고, 다른
자리가 부족하거나 없을 때도 문제없이 사용할 수 있도록
준비되어야 한다. 공간에 여유가 있다면, 가장 인기 있는
자리에 가장 편안한 좌석을 두는 것이 좋다. 무엇보다
중요한 건, 충분한 수의 주요 좌석을 두고, 사람들이
그 자리를 최대한 잘 활용할 수 있도록 적절한 위치에
배치하는 전략이 필요하다.

스코틀랜드
에버딘(Aberdeen)의
벤치. 디자인이 잘 되어
있는 도시는 사람들이
앉기 좋은 자리를 가장
알맞은 곳에 신중하게
배치해 놓는다.

스웨덴 옌셰핑(Jököing)의
비어 있는 벤치. 앉기
좋은 자리는 결국 '좋은
벤치', 사람을 끌어들이는
'매력적인 벤치'가 있느냐에
달려 있다. 아무 벤치로나
되는 건 아니다.

미국 로스앤젤레스의
비어 있는 벤치

보조 좌석
(Secondary Seating)

도시에는 주요 좌석 외에도 계단, 주춧대, 디딤판, 낮은 벽, 상자 같은 보조 좌석(secondary seating)이 필요하다. 특히 사람이 붐비는 시간대에는 이들의 역할이 크다. 계단은 특히 인기가 높다. 앉기 좋을 뿐 아니라, 훌륭한 전망대가 되기 때문이다. 주요 좌석과 보조 좌석이 잘 어우러지면, 이용하는 사람이 적을 때에도 공간은 활기차 보인다. 반대로 길거리 카페나 리조트 호텔 벤치의 경우에는 비수기가 되어 손님이 사라지는 순간 공간 전체가 금세 버려진 듯 쓸쓸해진다.

보조 좌석으로 이용되는
도시 건축물들

앉을 수 있는 공간 구조 ─ 다목적 도시 시설물 ("Sitting Landscapes" ─ Multipurpose City Furnishings)

도시에는, '앉을 수 있는 공간 구조(sitting landscapes)'라 불리는 특별한 형태의 보조 좌석도 있다. 대계단처럼 전망대 역할을 겸하는 구조물, 넓은 단이 있는 기념비, 테라스형 받침대를 갖춘 분수대처럼, 하나의 요소가 두 가지 이상의 기능을 하도록 설계된 경우다. 이런 다목적 도시 시설물은 공간을 풍부하게 만든다. 도시 시설물과 파사드 디테일을 다양한 방식으로 활용할 수 있게 설계하는 것이 좋다. 이렇게 하면 공간 요소가 흥미로워지고, 활용 방식도 다양해진다.

베네치아의 사례는 주목할 만하다. 가로등, 깃대, 조각상 같은 도시 시설물은 물론, 건물들까지도 앉을 수 있도록 설계되어 있다. 베네치아는 도시 전체가 '앉을 수 있는 공간'이다.

시드니 오페라하우스 앞에 설치된, 계단형의 앉을 수 있는 공간 구조

미국 포틀랜드 '파이어니어 코트하우스 스퀘어'에 만들어진 앉을 수 있는 공간 구조.

**100m마다 설치된
휴식용 벤치
(Benches for
Resting Every 100
meters)**

주요 좌석이나 보조 좌석이 따로 있더라도, 도심 곳곳에는
일정 간격으로 쉴 수 있는 벤치가 있어야 한다. 코펜하겐
주민들이 가장 자주 지적하는 것도, 노인들이 잠시 앉아
쉴 곳이 부족하다는 점이다. 좋은 도시와 주거 단지의
기본 원칙 중 하나는, 약 100m마다 하나씩 누구나 편하게
쉴 수 있는 자리가 있어야 한다는 것이다.

100m마다 쉴 벤치 하나,
꼭 부탁해요!

보고 듣고 말하기
(Seeing, Hearing, And Talking)

보기 — 거리의
문제 (Seeing — a
Question of
Distance)

앞서 살펴본 것처럼, 공공공간에서 사람을 볼 기회는
결국 '관찰자와 대상 사이에 존재하는 거리'의 문제다.
거리의 폭이 지나치게 넓거나 공간이 너무 크면, 대부분의
장소에서 전체 공간과 사건을 조망할 기회가 거의
사라진다. 거대한 공간의 다양한 양상을 조망할 수 있는
위치는 극히 제한적이며, 그 희소성 때문에 그런 곳에는
종종 과도한 가치가 부여된다.

따라서 큰 규모의 공공공간을 설계할 때는 그 경계가
'사회적 시야(social field of vision)'의 한계를 넘지 않도록
정해야 한다. 그래야 공간 속 활동이 모두 이용자의
시야에 들어온다. 이를 위해서는 다양한 사회적 시야
기준을 함께 적용하는 것이 좋다. 예를 들어 사건과
활동을 인지할 수 있는 최대 거리(약 70~100m)와 사람의
표정을 구분할 수 있는 최대 거리(약 20~25m)를 함께
고려하는 것이다.

케빈 린치(Kevin Lynch)는《단지계획(Site
Planning)》에서 사람들이 사회적으로 편안하게 느끼고
자연스럽게 어울릴 수 있는 공간의 폭을 약 25m로 보았다.
반대로 110m를 넘어서는 공간에서는 교류가 어려워지며,
실제 도시에서도 이런 규모를 거의 찾아보기 힘들다고
지적한다. 남유럽 중세 도시의 광장들이 크든 작든 이 두

범위를 벗어나지 않는 것은 결코 우연이 아니다.

보기 — 시야의 범위와 조망의 문제 (Seeing — a Question of Field of Vision and Overview)

사람을 보는 일은 시야와 조망, 그리고 가림 없는 시선 확보의 문제다. 극장이나 영화관에서는 모든 관객이 무대를 잘 볼 수 있도록 좌석을 원형 계단으로 배치한다. 강의실도 마찬가지다. 연단을 높이거나 객석에 단 차를 두어 시야를 가리지 않는다.

도시 공간도 원리는 같다. 무슨 일이 일어나는지 누구나 잘 볼 수 있도록 설계하면, 사람들은 그 공간을 훨씬 더 잘 경험한다.

이 점에서 중세 도시의 광장은 적절한 설계로 본받을 만하다. 이탈리아의 광장에서 보행 공간은 차량 통행 구역보다 두세 단 높다. 시에나의 캄포 광장(50쪽 참조)은 이 원리를 정교하게 구현했다. 광장 전체가 거대한 관람석처럼 설계되어, 건물 외벽을 따라 서거나 앉을 수 있는 공간이 층계처럼 이어져 있다. 이 구조 덕분에 가장자리 구역, 볼라드 주변, 노천카페 등은 서 있거나 앉기에 딱 좋은 자리가 된다. 서 있는 자리의 경계는 뚜렷하고, 등이 안전하게 보호되는 가운데, 도시라는 거대한 무대를 한눈에 내려다볼 수 있다.

나이에 상관없이 누구나 무슨 일이 일어나는지 볼 수 있어야 한다. 유치원에 설치된 아이 눈높이의 창(왼쪽), 그리고 어린 승객도 볼 수 있도록 만든 여객선의 창(오른쪽).

스트라스부르그 대성당 광장. 탁 트인 시야와 방해받지 않는 시선이 '보기'라는 활동을 강화한다.

스페인 마드리드, 시야와 조망이 확보되지 않은 도로

보기 — 곧 빛의 문제 (Seeing — a Question of Light)

보는 문제는 대상이 충분히 잘 보일 만큼의 빛이 있느냐에 달려 있다. 어두운 시간대에도 공공공간이 제 역할을 하려면, 조명은 결정적인 요소다. 특히 사람과 얼굴을 비추는 조명이 중요하다. 이는 공간에서 느끼는 즐거움과 안전감, 그리고 사람과 사건을 볼 가능성 모두에게 영향을 준다. 보행 공간의 조명은 예외 없이 충분해야 하며, 빛의 방향도 적절해야 한다. 좋은 조명은 단순히 '더 밝은 빛'을 뜻하지 않는다. 직사광으로든 반사광으로든, 빛과 맞닿는 수직면을, 가령 얼굴, 벽, 간판, 우편함 등을 충분히 밝게 조명하는 빛이어야 한다. 교통로에 설치하는 가로등과는 이런 점에서 구분된다. 또한 좋은 조명은 따뜻하고 친근한 느낌을 주어야 한다.

듣기 (Hearing)	자동차가 다니던 거리를 보행자 전용도로로 바꾸면, 사람의 소리를 다시 들을 수 있게 된다. 자동차 소음 대신 발걸음, 목소리, 물 흐르는 소리가 들리고, 대화와 음악, 아이들 웃음소리가 귀에 들어온다. 차가 없는 거리나 오래된 보행자 중심 도시에서는 이 같은 소리를 온전히 들을 수 있다. 그 덕분에 사람들은 신체적, 심리적으로 더 편안해지고, 장소의 분위기도 한층 부드러워진다.
소음과 대화 (Noise Versus Conversations)	배경 소음이 60dB을 넘으면, 일상적인 대화는 거의 불가능하다. 교통이 혼합된 거리에서 흔히 발생하는 상황이다. 사람들이 대화를 나누는 모습은 드물다. 짧게 준비한 말만, 교통 소음이 잠시 잦아드는 틈을 타 외치듯 던진다. 대화하려면 서로 바짝 붙어서야 하고, 불과 5~15cm 거리에서야 대화를 나눌 수 있다. 어른과 아이 사이라면 어른이 몸을 굽혀야만 대화할 수 있다. 소음이 심해지면 어른과 아이의 대화는 거의 사라진다. 아이는 묻지 못하고, 어른은 답할 수 없다. 소리가 60dB 이하로 줄어들어야 정상적인 대화가 가능하다. 45~50dB 정도가 되면, 목소리의 높낮이와 발걸음 소리, 노래, 주변의 작은 소리가 어우러진 온전한 사회적 소리를 즐길 수 있다.

보행자 도시 (베네치아)에서의 대화. 사람들이 편안하게 이야기를 나누고 있다.

자동차 도로
(코펜하겐)에서의 대화.
소음 때문에 어른이 몸을
굽혀야만 아이와 대화할
수 있다. 더 심해지면
어른과 아이의 대화는
거의 사라진다.

자동차 도로와 보행자
거리의 소음 측정 비교.
보행자 거리의 소음
수준은 일정하고 비교적
낮다. 평균 약 50dB
정도다.

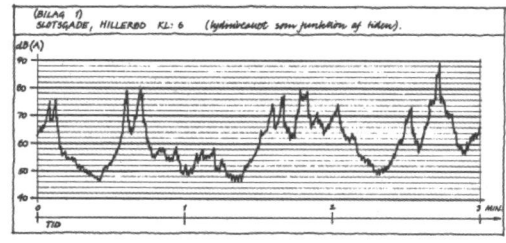

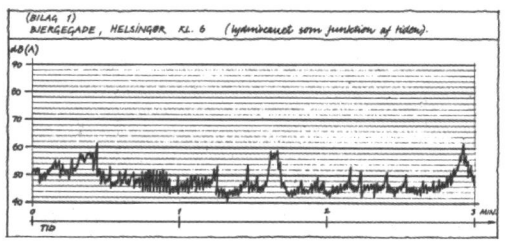

사람과 음악을 듣는 일 (Hearing People and Music)

베네치아역 앞 계단에 도착한 여행객이 받는 가장 강렬한 인상은 운하도, 건물도, 사람의 모습도, 자동차의 부재도 아니다. 그곳을 가득 메우고 있는 사람의 소리다. 다른 유럽 도시에서는 좀처럼 들을 수 없는 소리다.

코펜하겐 보행자 거리를 걸을 때도 마찬가지다. 그곳에서는 음악과 노래, 사람들의 외침과 대화를 들을 수 있다. 걷는 경험을 한층 흥미롭고 풍성하게 한다. 보행자 거리가 생긴 뒤, 코펜하겐에서는 자발적인 거리 음악이 눈에 띄게 되살아났다. 오늘날 거리 음악은 코펜하겐의 대표적인 매력 중 하나가 되었다. 해마다 도심의 거리와 광장에서 열리는 재즈 페스티벌은 중요한 문화 행사로 자리 잡았다. 예전, 교통이 사라지기 전에는 들을 수 없던 소리다.

말하기 (Talking)

사람과 마음껏 대화할 수 있는 환경은 옥외 공간의 품질을 크게 높인다. 옥외에서 이루어지는 대화는 크게 세 가지로 나눌 수 있다. 함께 걷는 사람과 나누는 대화, 길에서 우연히 만난 지인과의 대화, 낯선 사람과의 대화다. 대화의 성격에 따라 그에 맞는 공간 조건도 달라진다.

함께 걷는 사람과의 대화 (Talking with People One Accompanies)

친구나 가족처럼 함께 있는 사람과의 대화는 앞서 말한 조건을 따른다. 걷거나 서 있거나, 혹은 앉아 있을 때 이루어지며, 특별한 장소나 상황이 필요한 것은 아니다. 다만 소음이 적어야 한다는 기본 조건은 있다. 도시에서 이루어지는 대화 대부분이 이런 유형이다. 부부, 부모와 아이, 친구끼리 나란히 걸으며 나누는 대화가 여기에 해당한다.

우연히 마주친 지인과의 대화 (Talking with Acquaintance One Meets)

또 다른 유형은 길에서 친구나 지인을 우연히 만났을 때다. 이 대화는 장소나 상황을 가리지 않는다. 사람들은 그저 마주친 자리에서 걸음을 멈추고 이야기를 나눈다. 지인이나 이웃과의 대화는 대개 '지나가다 마주친' 순간에 이루어진다. 야외에서 머무는 시간이 길수록 이런 만남과 대화가 생길 가능성은 커진다. 짧은 인사부터 가벼운 몇 마디, 혹은 오랜 수다까지 그 형태는 다양하다. 대화는 울타리 너머, 정원 문 앞, 현관 앞처럼 마주친 그 자리에서 시작된다. 대화가 얼마나 깊어지고 길어질지를 결정하는 중요한 요소는 장소 자체가 아니다. 오래 머물 수 있는 조건이 갖춰져 있느냐이다.

낯선 사람과의 대화 (Talking with Strangers)	공공장소에서 이루어지는 대화 중에, 드물지만 의미 있는 유형이 있다. 바로 처음 만난 사람끼리 나누는 대화다. 서로가 편안함을 느낄 때, 특히 나란히 서거나 앉아 있거나 같은 활동에 참여하고 있을 때 이런 대화가 시작된다.

어빙 고프먼(Erving Goffman)은《공공장소에서의 행동(Behavior in Public Places)》에서 이렇게 말했다.

"아는 사람끼리 마주쳤을 때 특별한 이유가 없으면 대화를 피하기 어렵다. 반대로 모르는 사람과 말을 시작하려면 그럴 만한 계기가 필요하다."

이야기할 거리 (Something to Talk About)	일상의 활동과 경험, 그리고 예상치 못한 특별한 사건은 대화를 이끌어낸다. 윌리엄 H. 화이트는《도시의 작은 공간이 만들어내는 사회적 풍경》에서 이를 '삼각관계(triangulation)'라 불렀다. 예를 들면, 거리 공연자와 관객 사이에서 일어나는 상호작용 같은 것이다. 관객 A와 B는 공연자 C의 무대를 함께 즐기며 미소를 주고받거나 이야기를 나눈다. 이 순간 하나의 삼각형이 만들어지고, 작지만 소중한 사회적 교류가 시작된다.

대화를 이끄는 도시 풍경 (Conversation Landscapes)	앉는 자리와 서 있는 자리, 그리고 그 배치 방식은 대화의 시작에 직접적인 영향을 미친다. 에드워드 T. 홀은《숨겨진 차원》에서 벤치의 배치와 대화 가능성을 언급한다. 기차역 대기실처럼 벤치가 등을 맞대고 있거나 서로 멀찍이 떨어져 있으면, 대화는 어렵거나 아예 불가능하다. 반대로, 노천카페처럼 의자를 탁자 주변에 둘러 가깝게 배치하면 대화가 쉽게 시작된다.

좋은 '대화의 풍경(conversation landscapes)'은 오래된 유럽 기차 객실에서 쉽게 찾을 수 있다. 하지만 비행기나 현대식 기차, 버스의 좌석처럼 한 줄로 나란히 앉아

앞사람의 뒷모습만 보는 상황이 되면 대화는 어렵다. 불편한 사람과 마주 앉을 위험은 줄지만, 여행 중 우연히 만난 사람과 대화를 시작할 기회도 사라진다. 그러므로 도시나 주거지의 공공공간을 설계할 때도 단순히 '등을 맞대거나' 혹은 '정면으로 마주 보는' 배치보다, 다양한 선택이 가능한 좌석 구성을 고려해야 한다. 예를 들어 곡선형 벤치나 서로 비스듬히 배치된 벤치는 사용 방식이 한층 자유롭다. 대화를 나누고 싶을 때는 자연스럽게 말을 걸 수 있고, 원치 않을 때는 쉽게 시선을 돌릴 수 있다.

'대화의 풍경'은 건축가 랄프 어스킨이 주거 건축에서 즐겨 사용한 방식이기도 하다. 그는 공용 공간에 벤치를 두 개씩 직각으로 배치한 다음, 가운데에 탁자를 두었다. 이렇게 하면 주민들은 일거리나 음료를 들고나와 잠시 머물다가 자연스럽게 대화를 시작하고, 더 발전된 다른 활동으로도 이어진다.

'대화의 풍경'. 벤치를 서로 비스듬히 배치하면 대화를 시작하기가 한결 쉽다. 랄프 어스킨 설계.

코펜하겐의 연중 카니발 준비 현장. 이처럼 특별한 사건이나 준비 과정은 사람들 사이의 대화를 이끌어내는 좋은 계기가 된다.

모든 면에서 즐거운 장소
(A Pleasant Place In Every Respect)

모든 면에서 즐거운 장소 (a Pleasant Place in Every Respect)

선택적 활동, 여가 활동, 사회적 활동에는 공통점이 있다. 이런 활동은 멈춰 서 있거나 움직이기에 좋은 외부 환경이 갖춰졌을 때만 생긴다. 즉, 물리적, 심리적, 사회적 측면에서 장점은 극대화하고 단점은 최소화하여, 그 공간에 있는 것이 전반적으로 즐겁게 느껴질 때 가능하다.

보호의 문제 (a Question of Protection)

장소가 쾌적하게 느껴지려면, 먼저 위험과 신체적 피해로부터 안전하다고 느껴야 한다. 특히 범죄에 대한 두려움이 없고, 차량 통행으로 인한 불안이 없는 것이 중요하다.

범죄로부터의 보호 (Protection from Crime)

범죄가 일반적인 문제로 존재하는 곳에서는, 안전이 최우선이다. 제인 제이콥스(Jane Jacobs)는 미국 대도시의 계획 문제를 다루면서 이 점을 강조했다. 그녀는 거리의 활동 수준과 안전 정도의 관계를 분석했다. 거리에 사람이 많으면 서로가 서로를 지켜주는 '상호 보호'가 이루어진다. 거리가 활기차면 밖에서 벌어지는 일을 지켜보는 것이 의미 있고 재미있어서, 창문에서 거리를 바라보는 사람이 늘어난다.

이렇듯 자연스럽게 구축된 '거리 감시'의 효과는 보행자 도시인 베네치아에서 잘 드러난다. 베네치아에는 수많은 운하가 있지만, 익사 사고는 거의 없다. 운하 위와 주변의 교통이 느리기 때문에, 운하 주변에는 오가거나 창밖을 내다보는 등의 활동이 유지된다. 사고가 나더라도 즉시 목격하고 개입할 사람이 늘 존재한다. 오스카 뉴먼은 《방어 가능한 공간》에서, 범죄와 기물 파손을 줄이기 위해서는 거리에서의 활발한 활동, 주택 근처에서 머물 기회, 그리고 공공공간을 한눈에 살필 수 있는 시각적 조건이 얼마나 중요한지를 방대한 자료를 통해 입증했다.

공공공간에 대한 감시는 매우 중요하다. 하지만 그보다 더 중요한 것은, 편안한 옥외 공간으로 인해 자연스럽게 생겨나는 관심과 책임감이다. 진입로나 열린 공간을 애매하게 남겨두지 말고 각 주택이나 주택 단지와 분명하게 이어지도록 설계해, 누구나 쉽게 인식할 수 있는 공동의 생활공간으로 만들어야 한다.

차량 통행으로부터의 보호 (Protection from Vehicular Traffic)

옥외 활동을 위한 또 하나의 중요한 안전 조건은 차량 통행으로부터의 보호이다. 이 요구가 충족되지 않으면, 옥외 활동의 범위와 성격은 크게 제한된다. 아이들은 반드시 어른 손을 잡고 걸어야 하고, 노인은 길 건너기가 두렵다. 심지어 보행자도로 위에서도 완벽히 안전하다는 느낌이 들지 않는다. 계획자는 실제 교통사고 위험보다, 사람들이 느끼는 위험과 불안감이 그 장소에서 일어나는 활동의 양상과 분위기를 좌우한다는 것을 염두에 두어야 한다. 교통 안전의 '실제 수준'뿐 아니라 '심리적 안전감'까지 세심하게 고려해야 한다는 말이다.

호주의 조사 결과를 보면, 차량 통행이 있는 거리와 보행자 전용 거리에서 사람들이 느끼는 안전감 사이에는 뚜렷한 차이가 있다. 차량 통행이 있는 일반 거리의 보도 위에서는, 6세 이하 어린이의 86%가 어른과 손을 잡고 걸었다. 반면 보행자 전용 거리에서는 거의 반대의 결과가 나왔고, 75%의 아이들이 자유롭게 뛰어다녔다.

차량이 완전히 차단된 보행자 전용 거리가 물론 가장 이상적이지만, 네덜란드 '보너르프'처럼 차량 속도를 극도로 낮춘, 보행자와 자전거 중심 거리도 훌륭한 사례다. 일반 도로에 비해 안전성과 심리적 안정감을 크게 높인다.

끊임없이 따라다니는
자동차에 대한 두려움은
시급하고 심각한 문제다.

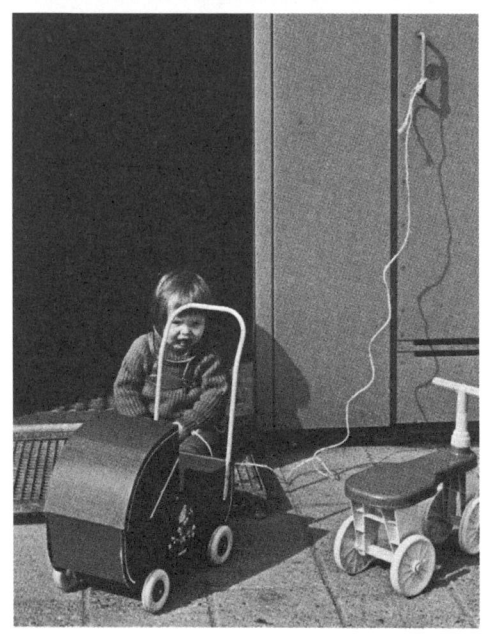

부모의 손을 잡고 다니는 아이(왼쪽)과 자유롭게 돌아다니는 아이(오른쪽)의 비율을 나타낸 도표. 통행하는 차량에 대한 두려움은 6세 미만 아동의 활동을 제한한다.

a: 멜버른의 차량 통행 도로(1), 멜버른

b: 멜버른의 차량 통행 도로(2), 멜버른

c: 멜버른의 보행자 전용 도로, 멜버른

d: 시드니의 보행자 전용 도로, 시드니

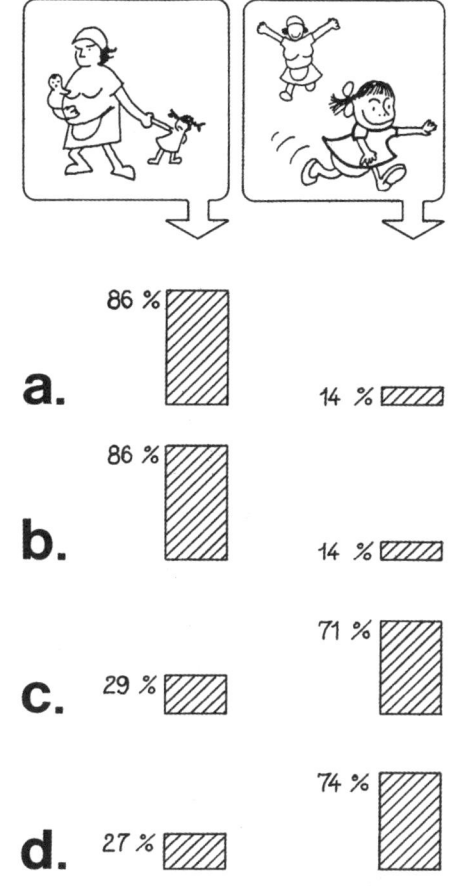

불쾌한 날씨로부터의 보호 (Protection from Unpleasant Weather)

쾌적한 공간을 만들려면 불쾌한 날씨로부터 보호하는 것이 중요하다. 불쾌한 날씨 기준은 지역과 국가마다 크게 다르다. 각 지역은 고유한 기후와 생활 문화를 지니므로, 거기에 맞는 대책을 세워야 한다. 예를 들어, 남유럽에서는 여름철 강한 햇빛과 더위로부터 보호하는 것이 중요하지만, 북유럽은 전혀 다르다. 따라서 기후와 문화 특성에 맞는 공간 설계와 보호 장치를 마련하는 것이 필수다.

다음에 나올 내용은 유럽의 북쪽, 그중에서도

스칸디나비아 지역의 상황에 초점을 맞춘다. 예상할 수 있듯이, 이곳에서는 기후로부터의 보호가 매우 다양하고 폭넓은 주제다. 하지만 캐나다와 미국의 많은 지역, 그리고 호주도 북유럽이나 중부 유럽과 크게 다르지 않은 기후 문제를 겪고 있다.

옥외 공간에서 가장 큰 문제는 단연 바람이다. 바람이 불면 몸의 균형을 잡거나 체온 유지가 힘들며, 스스로를 보호하기 어렵다.

베네치아의 비 내리는 거리.
바람 없는 비는 큰 문제가 아니다. 차양이나 우산만 있어도 충분히 막을 수 있다.

서리 내린 겨울날, 코펜하겐의 한 광장 풍경. 햇볕이 드는 벤치가 모두에게 인기가 많다. 바람이나 폭우를 동반하지 않으면, 추위는 비교적 쉽게 막을 수 있다. 바람 없는 맑고 화창한 날은 기온과 관계없이 대체로 좋은 날로 여겨진다.

기후와 옥외 활동 양상 (Climate and Outdoor Activity Patterns)

북유럽에서는 기후 변화가 옥외 활동의 양과 성격에 직접적인 영향을 미친다. 코펜하겐 보행자 거리를 1월부터 7월까지 조사한 결과, 겨울에서 여름으로 가는 동안 보행자 수는 두 배로, 멈춰 서 있는 사람은 세 배로 증가했다. 이 기간에 사람들은 더 자주, 더 오래 머물렀다. 멈춰 서서 하는 활동의 성격도 달랐다. 겨울과 비교해 볼 때, 간식이나 음료를 먹기 위해, 혹은 관광 등의 이유로 서 있는 시간이 늘었다. 여름에는 길거리 공연, 전시, 다양한 이벤트가 길거리의 활동에서 큰 비중을 차지했다. 앉아서 하는 활동은 더욱 뚜렷한 변화를 보였다. 가장 추운 시기에는 사실상 거의 일어나지 않던 활동이, 벤치 주변 온도가 10℃를 넘어서자 급격히 늘어났다.

요약하면, 1월(기온 약 2℃)에는 전체 활동 중 30%가 잠시 멈춰 서 있는 것이었고, 70%는 움직이는 활동이었다. 하지만 7월(기온 약 20℃)에는 55%가 서 있거나 앉아서 머무는 활동으로 바뀌었다. 즉, 여름이 되면서 보행자 거리는 '이동하는 공간'에서 '머무는 공간'으로 변했다.

흥미롭게도, 피터 보셀만(Peter Bosselmann)이 샌프란시스코에서 진행한 '기후와 쾌적성 연구'에서도 이와 비슷한 결과가 나타났다.

"사람들이 옥외에서 편안함을 느끼려면, 햇볕이 잘
들고 바람을 막아주는 환경이 필요하다. 따뜻한 날을
제외하면, 바람이 거세게 불거나 그늘진 공원과 광장은
거의 비어 있다. 반면, 햇살과 바람막이를 함께 제공하는
장소는 언제나 사람들로 붐빈다."

뉴욕의 소규모 도시 공간에서 사회적 삶을 조사한 윌리엄
H. 화이트[51]도 야외 활동이 원활하려면 부정적인 기후
조건으로부터의 보호가 반드시 필요하다고 강조한다.

**사계절 내내 활기찬
공간이 되려면,
기후로부터의 보호가
필수다 (the Ability
to Function Year-
round Requires
Protection from
Climatic Conditions)**

최근 몇 년 사이 기후, 쾌적성, 활동 패턴이 밀접하게
맞물린다는 인식이 특히 상업 공간 분야에서 빠르게
퍼지고 있다. 대형 쇼핑센터, 백화점, 호텔 로비, 기차역,
공항 터미널 등은 기본적으로 사계절 내내 쾌적한
환경을 유지하기 위해 기후를 통제한다. 주거 단지에서도
일부 공용 공간을 일 년 내내 활용할 수 있도록 기후
여건을 개선하려는 움직임이 나타나고 있다. 도시의
공공공간에서도 관심이 커지고 있다. 캐나다와 북유럽
협력체인 '살기 좋은 겨울 도시(Livable Winter Cities)'가
주최한 회의와 그들이 발간한 자료가 이를 방증한다.
그러나 여전히 이런 긍정적인 사례보다는, 무심한 설계와
계획으로 기후 조건을 악화시킨 공간이 훨씬 더 많다.

**기후 조건으로부터의
보호 ─ 도시 및 부지
계획에서 (Protection
from Climatic
Conditions ─ in City
and Site Planning)**

도시나 부지를 섬세하게 계획해 가장 불편하고 문제가
되는 기후 요인을 미리 줄이면 문제를 예방할 수 있다.
북유럽 지역의 어려움은 항상 바람과 그로 인한 체감 온도
하락이기 때문에, 이곳에서는 특히 기후를 고려한 도시와
부지 계획이 무엇보다 중요하다.
　덴마크 구도심의 전통 건축물은 낮고 서로 밀착해
있으며, 좁은 거리를 따라 늘어서 있고 건물 뒤에는 작은

마당이 있다. 서풍이 이런 낮은 마을을 지날 때, 바람 대부분은 지붕 위를 타고 넘어간다. 낮은 건물, 작은 야외 공간은 햇볕을 잘 받을 수 있도록 세심하게 배치되어, 햇빛이 모이고 오래 머물도록 돕는다. 이런 마을의 국지 기후는 주변에 넓게 펼쳐진 시골 마을보다 훨씬 온화하므로, 옥외에서 머무는 시간이 늘어난다. 적절한 설계 덕분에 기후 조건만 놓고 보면, 이런 마을은 마치 남쪽으로 수백 킬로미터 옮겨온 것과 같은 효과를 낸다.

　새로 조성된 주거 단지, 예를 들어 넓게 퍼져 있는 단독주택 지역이나 다층, 고층 주거 단지 주변의 국지 기후는 상대적으로 훨씬 열악하다. 많은 다층 건물 앞의 야외 공간은, 바람과 햇빛, 그림자, 온도 등이 그대로 드러나는 트인 외부 공간보다 오히려 기후 조건이 더 열악하다. 고층 건물의 경우는 특히 심각하다. 지상 20~40m 높이에서 부는 강한 바람이 건물 외벽을 따라 아래로 내려꽂히면서 사람과 사물의 온기를 빼앗고, 모래 상자의 모래까지 날려 버리기 때문이다.

　전통적인 덴마크 소도시의 기후와 체류 환경을 신도시 고층 주거 단지와 비교하면, 전자가 후자보다 두 달가량 긴 여름을 누린다. 또한 저층 도시는 고층 건물 도시에 비해 연간 쾌적하게 옥외에 머무를 수 있는 시간이 최대 두 배에 이른다[44]. 미국과 캐나다의 도시에서 무심하게 배치된 고층 건물과 세부 설계는 북극 같은 혹독한 국지 기후를 만들어냈다.

　'바람직하지 않은 그림자 현상(undesirable shadow effect)'을 언급했던, 피터 보셀만(Peter Bosselmann)은 《햇빛, 바람, 그리고 쾌적함(Sun, Wind and Comfort)》에서, 바람이 국지 기후를 악화시키는 여덟 가지 사례를 제시한다. 여기에는 '채널 효과(channel effect, 건물 사이 통로를 따라 바람이 가속되는 현상)',

'코너 효과(corner effect, 건물 모서리에서 바람이 휘돌아 세지는 현상)', '갭 효과(gap effect, 건물 틈새를 통과하며 바람이 집중되는 현상)' 등이 포함된다. 뉴욕 상황을 연구한 윌리엄 H. 화이트[51]는 이러한 현상의 결과를 다음과 같이 지적한다.

> "매우 높은 독립형 타워가 건물 측면을 따라 강한 돌풍을 만든다는 사실은 이미 잘 알려져 있다. 그럼에도 이런 타워 건설은 줄지 않았고, 그 결과 일부 공간은 예상대로 사람이 머물기에는 힘든 환경이 되었다."

건물의 높이에 따른 바람의 변화를 나타낸 그림.
바람은 낮고 조밀한 구역은 피해 지나가지만, 높고 단독으로 우뚝 선 건물에 부딪히면 아래로 빨려 내려가면서 세기가 강해진다.

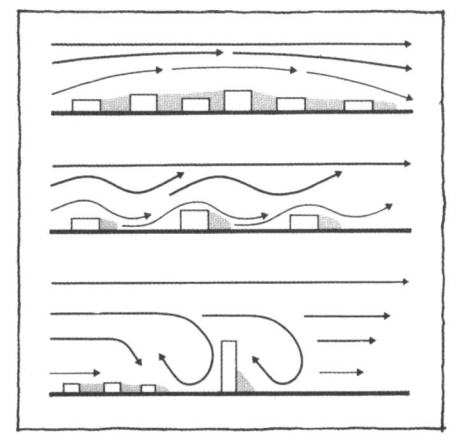

건물이 낮고 적당히 밀집된 지역은, 주변의 열린 들판에 비해 일 년 내내 옥외에서 머무르는 시간이 거의 두 배 가까이 늘어난다.

높고 넓게 흩어져 들어선 건물이 있는 지역의 기후는 주변의 탁 트인 빈터보다 거칠고 매섭게 느껴진다. 스웨덴 남부의 한 고층 주거 단지에서는 모래 상자 주위에 방풍막을 설치해야 한다. 그렇지 않으면 모래뿐 아니라 아이들까지도 바람에 날아갈지 모른다.

세부 계획에서의 기후 대응 (Protection from Climate Conditions — in Detail Planning)

도시와 부지 계획은 지역의 기후를 개선하거나 악화시켜 환경을 좋게도, 나쁘게도 만들 수 있다. 쾌적한 옥외 공간과 머무를 기회를 좌우하는 핵심 요소는 소규모 지역과 보행로의 미기후(microclimate. 지표면과 가까운, 좁은 범위의 기후)다. 말하자면, 사람이 앉고 싶은 벤치 주변이나 걷고 싶은 인도의 기후가 가장 중요하다. 따라서 계획자는 보행로와 옥외 휴식 공간을 각 장소의 미기후에 맞춰 최적의 위치에 배치해야 한다. 규모가 작더라도 바람막이, 나무, 울타리, 덮개 구조물 등을 필요한 곳에 두어 환경을 개선하려는 노력이 필요하다.

날씨 체험 (Experiencing the Weather)

도시 활동과 날씨의 관계는, 단순히 불쾌한 기후를 차단하는 것만으로는 충분하지 않다. 혹독한 기후로부터 보호받는 것은 중요하지만, 좋고 나쁜 날씨와 계절의 변화를 몸으로 체험할 기회 역시 소중하다. 특히 언제, 어떻게 그것을 경험할 것인지 스스로 선택할 수 있으면 더욱 좋다. 즐길 만한 날씨를 만나는 순간은 언제나 반갑다.

적은 비용과 간단한 방법으로도 꼭 필요한 자리에서 쾌적한 기후 환경을 만들 수 있다.

날씨가 주는 긍정적인 면을 즐기기 (Enjoying the Positive Aspects of the Weather)

"미친개와 영국인은 한낮의 태양 아래 나간다(Mad dogs and Englishmen go out in the midday sun)"는 말이 있다. 영국인들이 태양을 특별히 사랑한다는 뜻이다. 북유럽 사람들도 마찬가지다. 봄과 가을만 놓고 보면, 햇빛에 대한 사랑은 전 세계적으로 크게 다르지 않다.

사람에게는 날씨가 주는 긍정적인 면을 즐기려는 욕구가 있어서, 기후 문제는 세심하게 다루어야 한다. 특히 영국과 북유럽에서는 긴 겨울을 견뎌낸 후 짧고 풍성한 여름이 오기 때문에, 사람들과 태양, 그리고 녹지 사이에는 특별한 애정 관계가 형성되어 있다. 해와 초목을 즐길 수 있는 시간이 짧을수록, 그 순간을 붙잡고자 하는 열망은 커지기 마련이다.

초봄이 되면 '태양 숭배(sun worshipping)' 현상이 흔히 나타난다. 해가 뜨면 남녀노소 할 것 없이 밖에 나와 일광욕을 즐긴다. 햇볕에 대한 욕구는, 보행 경로 선택이나 옥외 공간에서 사람들이 자리를 잡는 방식에도 그대로 드러난다. 예를 들어, 북유럽인들은 비교적 따스한 날씨에도 본능적으로 햇볕 드는 자리를 고른다. 같은 온도에서 이탈리아인들이라면 벌써 그늘로 피했을 것이다.

북유럽에서는 나무와 식물에 대한 애정과 감사가 특히 두드러진다. 나무가 일 년 중 절반가량은 잎을 떨군 채 서 있으므로, 잎이 무성해지는 시기를 보는 기쁨은 더 크다. 사람들은 꽃과 관목, 나무가 계절에 따라 변하는 모습을 즐기며 지켜본다. 중부나 남부 유럽과 달리, 여름이 짧고 풍요로운 북유럽에서는 정원이나 흙과 가까운 삶을 중요한 가치로 여긴다. 이 지역의 도시계획에서는 녹지가 중심적인 위치를 차지한다. 영국의 광장도 대부분 북유럽 광장처럼 나무와 관목, 잔디밭, 화단을 갖추고 있지만, 남유럽의 광장에는 식물이 거의 배치되지 않는다.

스코틀랜드 에든버러가
맞이하는 봄의 첫날.

결론 — 나쁜 날씨로부터는 보호되고, 좋은 날씨는 누릴 수 있어야 한다 (Conclusion — Good Protection Against Bad Weather, Good Access to Good Weather)

까다롭고 독특한 북유럽의 기후와 그로 형성된 문화 속에서는, 궂은 날씨를 피할 수 있는 장치를 마련하는 한편, 날씨가 좋을 때는 햇빛과 온화한 기후를 마음껏 즐길 수 있도록 하는 것이 무엇보다 중요하다. 다른 지역에서도 그 지역 기후와 문화 특성을 세심히 평가해 정밀한 계획을 세워야 한다. 쉽지 않지만 늘 중요한 과제다. 한 장소의 질은, 좋든 나쁘든 기후 조건과 떼려야 뗄 수 없기 때문이다.

머물고 싶은 공간 — 미학적 완성도의 문제 (a Pleasant Place to Be — a Question of Aesthetic Quality)

어떤 공간에서 매력을 느낀다는 것은, 그 공간의 설계와 물리적 환경이 제공하는 경험의 질, 즉 공간의 아름다움과 깊이 관련된다. 도시는 물론 도시 공간의 시각적 측면에 관한 논의가 수 세기에 걸쳐 풍부하게 이루어졌다. 그중 카밀로 시테(Camillo Sitte)는 1889년 출간한 명저 《예술적 원리에 따른 도시계획(City Planning According to Artistic Principle)》에서, 건축적 미학과 공간의 매력, 그리고 도시 이용 사이의 긴밀한 관계를 설득력 있게 제시했다.

장소성 (a Sense of Place)

고든 컬런은 그의 저서 《타운스케이프》[10]에서 장소성(sense of place) 개념을 상세히 설명한다. 그는 특정한 시각적 정체성이 장소에 대한 감각을 만들어내며, 이것이 사람들에게 그 공간에 머물고 싶게 만드는 힘을 낳는다고 강조한다. 이러한 공간적 품격은 오래된 보행자 도시와 광장에서 특히 두드러진다.

예를 들어, 베네치아와 이탈리아의 여러 유명 도시 광장에서는 공간 안의 생활, 기후, 건축적 특성이 서로를 보완하며 하나로 어우러져, 잊을 수 없는 종합적인 인상을 만든다. 이처럼 모든 요소가 조화를 이룰 때, 사람들은 신체적, 심리적 안락함을 느낀다. 즉, 머물기에 진정으로 즐거운 장소라는 확신을 갖게 된다.

유연한 경계영역 (Soft Edges)

건물 옆에 머물 수
있는지 — 혹은 그저
오가기만 하는지
(Being Able to
Stay Next to the
Buildings — or
Merely Able to
Come and Go)

이 마지막 절에서는 건물 외부, 즉 공적 공간에
위치하면서 건물과 직접 연결된 휴식 공간의 존재가 옥외
활동에 미치는 영향으로 한 걸음 더 들어가 본다. 보행
경로가 쾌적하게 설계되는 것도 중요하지만 옥외 활동의
규모와 성격은 옥외 활동의 지속 가능 여부가 결정한다는
것을 기억하자.

1977년 여름, 캐나다 온타리오주 남부의
키치너(Kitchener)와 워털루(Waterloo)에서 진행된
거리 활동 조사가 이 점을 잘 보여준다[20]. 이
조사는 연립주택과 단독주택이 있는 12개 구간, 각
100yd(94.44m)를 대상으로, 평일 하루 동안 현관(포치),
앞마당, 거리에서 벌어진 활동의 종류, 빈도, 각 활동이
지속된 시간을 측정하고 기록했다.

조사 결과(표 1), 도보나 자동차로 이동하는 '오고 가는
활동'이 전체 활동의 52%를 차지했다. 각 활동의 평균
지속 시간(표 2)을 보면, '오고 가는 활동'은 매우 짧게
끝나지만, 앉아 쉬거나 무언가를 하거나 놀이를 하는
'머무는 활동'은 상대적으로 오래 지속되었다. 여기서
'오고 가는 활동'은 보행자의 경우 해당 구역을 벗어나는
시간, 운전자는 차에서 내려 목적지까지 걷는 시간만
포함한다. 즉, 거리에서 실제로 머무른 시간만 측정한

215

것이다. '옥외 공간의 진짜 삶'은, 활동의 빈도와 각 활동의 지속 시간을 함께 고려할 때 비로소 드러난다(표 3). 종합해 보면, '오고 가는 활동'이 수적으로 많지만, 전체 옥외 체류 시간에서는 약 10%에 불과하다. 반면 '머무는 활동'은 전체 시간의 거의 90%를 차지한다.

캐나다 온타리오주 워털루(Waterloo)와 키치너(Kitchener)의 12개 주거지에서 관찰된 모든 유형의 옥외 활동 빈도와 지속 시간을 나타낸 그래프.
조사 결과, 일어난 활동의 절반 이상이 단순한 이동에 해당했다(표 ①). 그러나 거리를 살아 있게 만드는 것은 멈춰 서 있는 활동이다. 사람들이 서서 대화를 나누고, 벤치에 앉아 쉬며, 가게 앞을 구경하고, 광장에서 공연을 관람하는 머무름의 순간들이 거리를 풍요롭게 한다. 이들 활동은 지속 시간이 길어, 거리에서 보내는 전체 시간의 무려 90%를 차지한다(표 ③).

① 옥외 활동의 횟수
② 활동의 평균 지속 기간(분)
③ 12개 거리에서 머문 총 시간(분)

A. 교류하기
B. 머무르기
C. 무언가 하기
D. 놀이하기
E. 구역 안에서 거닐기
F. 도보로 오가기
G. 자동차로 오가기

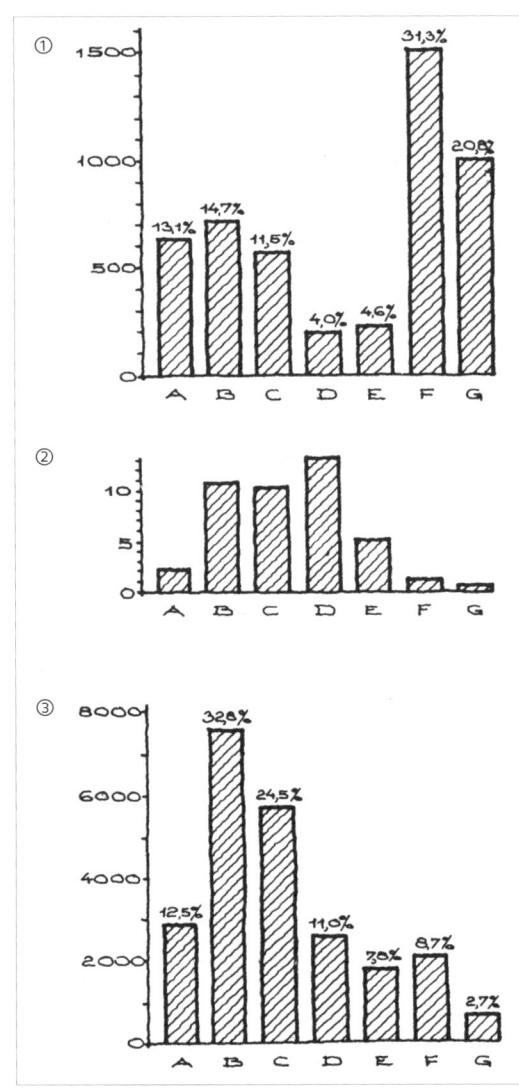

216

　　이 주제는 앞서도 다뤘지만, 다시 한번 강조할 필요가
있다. 오래 이어지는 몇 가지 활동이, 잠깐잠깐 일어나는
수많은 활동만큼이나 옥외 공간에 생기를 불어넣고,
이웃이 만날 기회를 만든다. 따라서 주택의 공적 공간에는
멈추고 설 수 있는 자리를 충분히 마련하는 것이 중요하다.
짧게 오고 가는 활동만 허용되는 공간에서 사라지는
것들을 살펴보면 그 필요성을 확실히 알 수 있다.
　　이러한 관점에서, 주거 환경에서 옥외 활동의 범위와
성격에 영향을 주는 물리적 요소를 살펴보자. 가장 중요한
요소는 다음 세 가지로 요약할 수 있다.

　　-드나들기 편리할 것
　　-집 앞에 머물 수 있는 적당한 공간이 있을 것
　　-집 앞에서 할 일이나 다룰 거리가 있을 것

나란히 놓인 코펜하겐의 거리

①
경직된 경계를 가지고
있으며 짧게 오가기에만
적합하다.

②,③
경계가 유연하다.
하루 동안 이루어지는
활동의 수가 ①의
거리보다 세 배나
많다[19].

다층 주거
건물 ― 오고 가는
활동은 많지만,
머무르는 활동은
적다 (Multistory
Buildings ― Many
Coming-and-going
Activities, but
Few Stationary
Activities)

주거 공간은 드나들기 쉬워야 한다. 실내와 옥외를 오가는 과정이 불편하면, 예를 들어 계단이나 엘리베이터를 이용해야 한다면, 옥외로 나오는 횟수가 눈에 띄게 줄어든다[19, 39]. 다층 주거 건물의 거주자는 층수와 상관없이 실내외를 오갈 수밖에 없다. 덕분에 '오고 가는' 통행은 활발하지만, 짧고 자발적인 머무름은 거의 사라진다. 내려와서 공용 공간까지 나가는 일이 번거롭기 때문이다.

　게다가 다층 주거 건물 주변 옥외 공간의 형태적 특성은, 대체로 인간미가 느껴지지 않고 무미건조하며 공적인 성격이 강해진다. 아이들 놀이터는 있지만, 어른들이 머무를 공간은 많지 않다. 고정 벤치나 산책로 정도가 전부인 경우가 많다. 가구나 도구, 장난감을 직접 가져다 쓰는 일도 거의 없다. 매번 들고 나르는 일이 번거롭기 때문이다. 이런 조건에서는 옥외 활동의 횟수와 형태 모두 크게 제한된다.

코펜하겐 서부 다층 주거 지역의 일요일 풍경. 허술한 설계와 빈약한 실내의 연결구조가 만날 때, 다층 주거지의 옥외 공간 활용도는 크게 떨어진다. 이런 구조적 장애를 극복하려면 대개 상당한 의지와 노력이 필요하다.

**다양한 정적인 활동들 — 안팎을 오가는 '흐름'
(Low Buildings — Many Stationary Activities, "Flow" In and Out)**

많은 사람이 거주함에도 다층 주거 건물 앞 옥외 활동은 대체로 매우 제한적이다. 오가는 활동은 많지만, 그 밖의 활동은 싹을 틔우기도 전에 사라진다. 반면, 집에서 한 걸음만 나서면 옥외로 이어지는 저층 주거지에서는, 집 안팎의 활동이 물 흐르듯 자연스럽게 이어진다. 외출을 위해 결정하거나 준비할 것이 많지 않다. 잠깐 나가 무슨 일이 벌어지는지 살펴보거나, 여유가 있으면 문턱에 앉아 커피를 마실 수도 있다.

호주 멜버른의 앞마당이 있는 연립 주택가를 조사한 결과[21], 집 앞 옥외 체류의 46%가 1분 미만이었다. 주민들은 하루 종일 집, 앞마당, 인도를 오가며 움직였다. 쉽게 밖으로 나갔다가, 할 일이 없거나 이야기할 사람이 없으면 금세 다시 들어왔다. 이런 조건에서는 옥외에서 머무르는 모든 형태의 활동이 훨씬 잘 발달한다. 사소한 방문이 쌓이다가, 자연스럽게 더 큰 활동으로 발전한다.

**실내와 실외의 유기적 연결 — 기능적, 심리적 측면에서
(Linking Indoors and Outdoors — Functionally and Psychologically)**

주택, 옥외 공간, 출입구의 세부 설계를 통해 활용 가능한 옥외 공간을 만들 수 있다. 주거 건물이 단순히 저층이라는 것만으로는 부족하다. 평면 계획을 통해 실내 활동이 자연스럽게 밖으로 이어지도록 해야 한다. 예를 들어, 부엌, 식당, 거실에서 집 앞 공적 옥외 공간으로 바로 나가는 문이 있어야 한다.

암스테르담 스포렌부르흐섬. 사적 공간과 공적 공간 사이의 흐름이 자연스럽다.

옥외 공간은 실내의 주요 공간과 바로 맞닿게 배치되어야 한다. 출입구는 기능적으로나 심리적으로나 최대한 쉽게 오갈 수 있도록 설계해야 한다. 복도식 동선, 불필요한 문, 특히 실내외 간 레벨 차는 피하는 것이 좋다. 그래야 안팎의 활동이 자연스럽게 흐른다.

집 바로 앞에 머물 수 있는 공간 (Somewhere to Stay Directly in front of Houses)

집 앞 활동이 적은 이유 중 하나는, 옥외 공간에 머무르기 알맞은 자리가 현관이나 그 주변처럼 드나들기 쉬운 곳에 마련되어 있지 않기 때문이다.

현관 앞에 앉을 자리 (Places to Sit at the Entrance Doors)

현관 옆, 비와 바람을 피할 수 있고 거리 전망이 좋은 벤치는, 소박하지만 건물 사이의 삶을 북돋는 확실한 방법이다. 현관문은 일 년 내내, 하루에도 여러 번 사용된다. 매력적이면서도 편안한 앉을 자리가 그곳에 있다면 매우 자주 활용된다는 것이 경험적으로 확인된다.

반-사적 앞마당 — 정적인 활동을 하기 좋은 조건 (Semiprivate Front Yards — Good Opportunities for Stationary Activities)

주택과 진입로 사이의 전이 공간에 반-사적 앞마당을 두어 옥외에서 머물 기회를 제공하면 건물 사이의 삶은 활성화된다. 1976년 멜버른에서 진행된 조사[21]에서, 이런 앞마당이 주택과 보도 사이에 있을 때 옥외 활동과 거리 생활에 어떤 영향을 주는지 잘 볼 수 있다. 호주에 있는 오래된 구역의 전통적인 주거는, 진입로 쪽을 향한 현관과 그 주변에 있는 작은 앞마당, 그리고 집 뒤의 사적인 뒷마당을 갖춘 저층 연립주택이다. 앞마당과 뒷마당이 모두 있으므로, 사람들은 보도로 이어진 곳과 집 뒤쪽의 사적 공간 중에서 머물 곳을 고른다. 호주의 연립주택 단지 17개를 조사한 결과, 앞마당은 옥외 공간의 활동과 관련하여 매우 중요한 역할을 하고 있었다.

주택 앞의 반-사적 옥외 공간은, 이웃과 마주치고 대화를 나누거나 밖에서 오랫동안 머무를 기회를 크게 늘려준다.

조사에 따르면, 주택의 공적 영역에서 일어난 활동 중 대화의 69%, 서 있거나 앉아 있는 등 수동적 옥외 활동의 76%, 그리고 정원 가꾸기 같은 능동적 활동의 58%가 현관, 앞마당, 또는 앞마당과 보도를 가르는 울타리 주변에서 이루어졌다. 멜버른 조사 결과는, 앞마당이 옥외에서 머무를 기회를 만드는 데 얼마나 중요한지 다시 한번 확인시켜 준다. 주택 바로 앞에 적당한 크기와 구조를 갖춘 반-사적 앞마당이 있으면, 지붕, 바람막이, 편안한 의자, 조명을 추가하는 것만으로 언제나 이용할 수 있는 휴식 공간을 금세 갖출 수 있다. 이런 반-사적 앞마당에서는 가구, 공구, 라디오, 신문, 커피포트, 장난감 등을 가지고 나왔다가 다음에 필요할 때까지 그대로 둘 수 있다.

이 조사에서는 설계 단계에서 반드시 고려해야 할 중요한 점도 확인됐다. 앞마당이 편안한 휴식 공간이 되려면 크기와 형태가 적절해야 한다. 멜버른의 앞마당은 대부분 이 점에서 매우 우수했다. 집은 보도에서 3~4m 떨어져 있어, 현관 앞에 앉은 사람이 어느 정도의 사생활을 유지할 수 있으면서도, 거리에서 벌어지는 일과 동떨어지지 않은 채 접촉할 수 있었다.

거리 쪽의 낮은 울타리는, 길과 맞닿은 반-사적 영역을 분명히 구분해 주면서도, 길 위아래를 살피거나 이웃과 이야기 나누기 좋은 자리가 된다. 실제 조사를 보면, 거리에서 이루어진 대화의 절반은 한쪽이 울타리에 기대선 채 시작되었다. 앞마당의 세부 설계가 얼마나 중요한지는 다른 지역의 사례와 비교해 보면 분명해진다. 미국, 캐나다, 호주, 그리고 많은 유럽 교외 지역에서는 단독주택이 보도에서 6~8m 뒤로 물러서 있다. 이런 앞마당에는 주차장도 울타리도 없어, 길에서 곧바로 만나게 되는 것은 넓고 트인 잔디밭이다. 집이 보도에서 6~8m 물러서 있으면, 현관 앞과 거리에서 벌어지는 일

사이에 연결 고리가 생기기 어렵다. 게다가 울타리가
없으니, 주민이 길가를 둘러보거나 이웃과 이야기를 나눌
때 기대설 만한 곳이 없다.

집들이 서로 멀찍이 떨어져 있으면, 이웃이 길을 오가는
모습은 거의 볼 수 없다. 그렇게 되면 반-사적 앞마당의
의미 자체가 사라진다.

호주의 반-사적 앞마당.
멜버른 같은 호주의
오래된 주거지에는
거의 모든 집에 적당한
크기의, 사적이면서도
공적인 성격을 아울러
가지는 앞마당이 있다.
머무르기에 좋은 공간을
제공하며, 눈앞의 작은
정원은 누군가의 손길을
기다린다. 이런 요소들이
어우러져 주택 주변
거리의 모습을 생생하고
다채롭게 만든다[21].

반-사적 앞마당 — 할 일이 생기는 곳, 그에 더해 나눌 얘깃거리가 생기는 곳 (Semiprivate Front Yards — Something to Do(and Something to Talk About)

휴식 공간과 작은 정원이 있는 앞마당에는 또 하나의 장점이 있다. 현관 앞에 나와 머물고 싶을 때, 언제든 뭔가 할 일이 있다는 점이다. 꽃에 물 주기, 현관 쓸기, 잔디 깎기, 울타리 칠하기 같은 일은 밖에서 보내는 시간을 풍성하게 만들고, 자연스럽게 머물 이유가 된다. 멜버른의 앞마당 조사에서도, 정원 가꾸기와 집 손질이 이런 '이중 기능'을 한다는 사실이 뚜렷하게 드러났다. 꽃에 물을 주거나 보도를 쓸고 닦는 일에 사람들은 필요 이상으로 오랜 시간을 쓰는 경우가 많았다. 이웃이 지나가면 언제든 일을 멈추고 울타리 너머로 담소를 나누었다. 누군가 무언가를 하고 있으면, 대화거리는 저절로 생긴다. "올해 장미가 정말 잘 피었네요."

집 바로 옆의 작은 공간 vs. 집에서 멀리 떨어진 넓은 공간 (the Few Square Feet next to the House Versus the Large Areas Farther Away)

반-사적 앞마당이 있는 캐나다, 호주, 북유럽의 연립주택 지역을 조사한 결과, 집 바로 앞에 있는 아주 작은 옥외 공간이, 접근하기 어려운 넓은 공간보다 훨씬 다양하고 활발하게 사용되는 것으로 나타났다. 스포츠 시설이나 넓은 잔디밭, 도시공원이 불필요하다는 뜻이 아니다. 어떤 경우든 '즉시' 이용할 수 있는 여가 공간이 필요하다는 뜻이다. 잘 설계된 집 앞의 작은 공간은, 멀리 떨어진 넓은 공간보다 대체로 더 자주, 더 유용하게 쓰인다.

신규 주택 단지에서의 부드러운 경계 (Soft edges — in New Residential Areas)

옥외 활동은 주로 즉흥적이고 유동적이기 때문에, 이에 맞는 물리적 조건을 갖추는 일은 모든 신규 주택 단지 계획에서 중요한 과제다. 건물의 밀도와 높이를 적정하게 유지해야 하는 이유도 여기에 있다. 아이들이 마음껏 뛰놀고 또래와 쉽게 어울리게 하려면, 그리고 다른 연령대의 주민들 역시 다양한 옥외 경험과 교류, 여가 활동을 누리게 하려면, 집 안팎을 자유롭게 오갈 수 있는 흐름을 만들어줘야 한다.

토론토의 전통 주거지는 촘촘히 붙어 있는 타운하우스로 이루어져 있고, 각 집 현관 앞에는 편히 앉아 쉴 수 있는 포치가 자리한다. 주차장은 모두 집 뒤쪽 마당에 있다.

오래된 주거지에 새 주택이 들어설 때, 주차장과 차고가 도로변에 놓이는 경우가 많다. 그렇게 되면 주변 거리는 금세 활기를 잃고, 사람들의 발걸음이 끊긴 황량한 공간으로 변한다.

집 바로 앞에는 앉아 쉴 수 있는 자리와 무언가에 몰두할 수 있는 상황이 함께 마련되는 것이 중요하다. 그래야 짧고 우연한 일들이 자연스럽게 펼쳐진다. 그렇게 쌓인 수많은 작은 일은 더 큰 활동으로 발전한다. 여름이 짧아 옥외 활동을 특히 소중히 여기는 북유럽인들은 고층아파트나 단독주택보다 밀도 높은 저층 주거 형태에 관한 관심이 많다. 덴마크의 경우, 저층 밀집형 클러스터 주거가 전체 주택 공급의 주류를 차지한다. 이 유형은 기존의 연립주택보다 공적 측면의 옥외 활동을 훨씬 잘 만든다.

그 대표적인 사례가 1970년대 중반 코펜하겐 서쪽에 지어진 약 700세대 규모의 임대 연립주택 '갈게바켄(Galgebakken)'이다. 주택은 10~20가구씩 그룹 지어, 폭 3m의 보행 진입로를 중심으로 배치되었다. 진입로와 집 사이에는 깊이 4m의 반-사적 앞마당이

있다. 주민이 직접 가꾼 이 공간은 옥외 활동의 중요한
거점이 되었다. 갈게바켄의 모든 주택에는 전용 뒷마당과
반-사적 앞마당이 있지만, 아이들은 뒷마당보다 진입로
쪽 앞마당에서 훨씬 자주 논다. 대부분의 부가적인
옥외 활동도 이곳에서 일어난다. 1980~81년 조사에
따르면, 주민들은 앞마당을 뒷마당보다 두 배 이상 자주
사용했다[19](46쪽 참고).

스웨덴과 영국에서 랄프 어스킨이 설계한 주거
단지들은 실내와 실외를 잇는 전이 공간을 세심하게
계획했다. 현관 앞의 벤치, 연립주택 앞 작은 테라스가
있는 앞마당, 다층 주거의 계단 입구 바로 앞에 마련된
휴식 공간 등이 그 예다. 이러한 요소들은 주거 단지의
생활을 한층 풍요롭게 하는 핵심 설계 요소다.

**부드러운 경계
— 건축물 개선
프로젝트에서 (Soft
Edges — in Existing
Building Projects)**

현재 새로운 주거 단지 설계에 쓰이는 원칙은 기존
건물을 리노베이션할 때도 적용할 수 있다. 특히 저층
단독주택에는 집 앞에 잘 계획된 휴식 공간을 두어,
거리와 집 사이에 부드럽고 친근한 경계를 만드는 것이
비교적 쉽다.

1960년대 중반
스웨덴 말뫼에 지어진
크록스벡(Kroksbäck)
공영주택 단지는
1980년대 중반 대대적인
리노베이션이 진행된
사례다. 특히 옥외 공간,
출입구, 건물 바로 옆
지상층 구역 개선에
중점을 두었다.

왼쪽: 개선 전 주택 블록

오른쪽: 개선 후 주택
블록

**부드러운 경계 —
모든 유형의 환경에서
(Soft Edges — in All
Types of Settings)**

기존의 다층 주거 단지에도 옥외에서 머무를 수 있는
조건을 개선할 여지는 많다. 새로 만든 공간이라도 출입이
불편하면, 실제 활용 빈도는 제한된다. 예를 들어, 각 계단
입구 앞에 작은 반-사적 앞마당을 두고 의자, 놀이터,
화단 등을 마련하면, 해당 계단을 이용하는 주민들이
언제든 편하게 쓸 수 있다. 1960년대에 만들어진
스웨덴 말뫼의 다층 주거 단지 크록스벡(Krocksbäck)과
로젠고르덴(Rosengården)에서는 1980년대 초부터 이런
방식의 대대적인 개선 작업이 이루어졌다. 비교적 신축에
속하는 다층 단지에도 이런 개선은 가능하다.

　단지의 개선 과정에서 넓고 정리되지 않은 옥외 공간을
작고 명확한 단위로 나누는 작업이 진행됐다. 단지
전체에서 시작해 건물 몇 동, 각 계단 입구, 지상층 세대에
이르기까지 3~4단계로 나뉜 공용 공간이 설계되었다.
또한, 주택 바로 옆 공간을 더 분명하게 구획하고
아늑하게 만들어, 옥외 공간 중에서도 사람들이 가장 자주
머물고 쉴 가능성이 큰 곳을 집중적으로 개선했다.

코펜하겐 갈게바켄의 반-사적 앞마당(Semiprivate front yards, Galgebakken, Copenhagen)

코펜하겐 남쪽에 1972~74년 사이 건설된 공영주택 단지 '갈게바켄(Galgebakken)'은 모든 주택이 반-사적인 성격의 앞마당과 개인 전용 뒷마당을 함께 갖추고 있다. 자동차는 단지 외곽에만 주차할 수 있으며, 내부의 모든 이동은 도보로 이루어진다. A. & J. 외룸 닐센, 스토르고르, 마르쿠센 설계.

① 부지 계획도
② 진입로의 단면도와
   평면도
③ 개념 설명도
④ 집 안쪽의 사적 영역을
   보여주는 사진
⑤ 진입로를 향해 있는
   반-사적인 앞마당.
   이 실용적인 앞마당
   덕분에, 이 주거
   단지는 다른 신축
   주거지에 비해 옥외
   활동이 35%가량
   많아졌다(A).(46쪽
   참고)

②
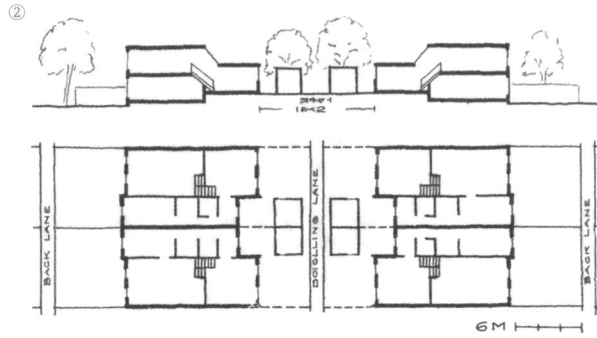

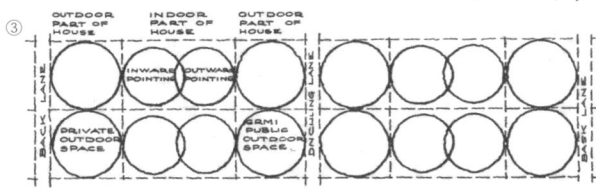

③

①

④

⑤

228

영국 뉴캐슬어폰타인 소재 바이커 주거단지의 반-사적 앞마당
(Semiprivate front yards, Byker, Newcastle upon Tyne, England)

뉴캐슬어폰타인 바이커. 랄프 어스킨 건축, 1969~1980

발코니, 현관 옆의 작은
벤치와 틈새 공간,
자그마한 정원, 그리고
부엌 창문에서 손에 닿을
듯한 거리에 있는 이웃들.
단순하지만 매우 유용한
요소들이다.

이 공간은 세심하게
설계된 경계 구역이다.
작은 테라스, 자그마한
정원, 현관 옆 벤치,
그리고 이웃 집과 구분해
주는 가림막이 있다.

주거 단위에서 옥외 공간의 머무름을 지원하는 설계
원칙은, 건물의 공간 배치와 도시 기능의 체계에도 폭넓게
적용할 수 있다. 사람들이 드나드는 도시 속 여러 시설과
공간의 모든 곳, 또는 건물의 기능이 옥외 활동과 연결될
수 있는 곳이라면, 실내와 실외를 자연스럽게 이어주고
건물 앞에 쾌적한 휴식 공간을 두는 것을 당연하게
생각해야 한다. 일상 활동이 이루어지는 바로 그 자리에
옥외의 머무름을 확장하는 일은, 해당 기능은 물론 건물
단지와 이웃, 나아가 도시의 삶 전반에도 예외 없이
긍정적인 변화를 만든다.

실내와 실외를
자연스럽게 이어주는
유연한 경계 영역은
실내의 활동이 거리로
흘러나오게 하고,
사람들이 머무를 수 있는
여유를 만든다.

건물 사이의 삶 — 오늘날의 사회적 맥락에서

* 이 부분은 다른 언어판에는 없는 내용을
얀 겔 교수님으로부터 제공받았다(역자 주).

"오늘날의 사회적 맥락"은 어떤 사회를 기준으로 보느냐에
따라 크게 달라진다. 이 책에서 다루는 건물 사이의
삶은 주로 유럽의 도시와 문화를 토대로 했으며, 여기에
수년에 걸친 호주와 북미 조사 결과를 보탰다. 이들
지역은 경제 발전 수준이 비슷하며, 생활 방식과 도시
환경에서도 공통점이 많다. 그러나 과거와 마찬가지로
지금도 선진국과 개발도상국 사이에는 생활과 도시
환경 전반에서 뚜렷한 차이가 있다. 이 책의 아래 내용도
전체와 마찬가지로 북유럽 사례를 중심에 두고 있다.

　50년 전, '건물 사이의 삶' 연구가 시작될 당시 핵심
주제였던 것은, 방치되고 훼손된 도시 공간, 그리고 축소된
옥외 활동이었다. 시간이 흘러, 이제 상황이 달라졌다고
생각할 수도 있다. 특히 지난 수십 년 동안 눈에 띄게
변화한 것은 디지털 소통 방식이다. 사람들은 지역을
넘어 전 세계와도 간접적으로 연결될 기회를 폭발적으로
넓혔다. 이런 변화 속에서, 도시의 공용 공간에서 직접
만나고 교류하는 기회는 과연 줄었을까? 그렇게 짐작할
수 있지만, 실제로는 그렇지 않았다. 오히려 이웃과
동네, 도시의 공공공간에서 펼쳐지는 '건물 사이의 삶'은
활발해졌고 한층 더 다양하게 발전했다.

　두 가지는 서로 전혀 다른 접촉 방식이다. 수많은

화면과 이미지, 디지털 채널이 우리의 선택지를 넓혀
주었지만, 사람들은 여전히 스스로 보고, 직접 경험하며,
주변에서 벌어지는 삶을 함께 경험하고 싶은 본능적인
욕구가 있다. 바로 그 때문에, 물리적 환경이 개선될수록
'건물 사이의 삶'은 함께 성장하고 확산됐다. 여가가
늘어난 것도 이러한 흐름을 뒷받침했다.

앞서 살펴본 것처럼, 도시 생활은 필수 활동과 선택
활동이 어우러져 이뤄진다. 여기에 사회적 활동이
더해지면 일상은 한층 풍성해진다. 시간이 흐르면서,
여가와 선택 활동이 차지하는 비중은 도시 생활 전반에서
점점 커진다. 사회 전반에 걸쳐 여유와 풍요가 늘어나면서,
사람들은 다양한 활동을 즐길 수 있는 시간과 에너지를
갖게 된 것이다.

1990년 무렵, 덴마크 도심의 보행자 거리를 찾는
이유를 물으면 사람들은 대부분 "쇼핑하러 나왔다"라고
답했다. 그러나 20~30년이 지난 지금은 "그냥 도시에서
시간을 보내려고"라고 말한다. 도시는 그 자체로 하나의
목적지가 되었고, 그 안에서 이루어지는 활동의 성격도
달라졌다. 오늘날 '도시 속 여가'는 중요한 도시 활동으로
자리 잡았으며, 그 매력의 핵심은 다른 사람의 존재와
주변 세상을 직접 경험하는 데 있다. "도시에 삶이 있고, 나
역시 그 한가운데 있다"라는 감각이다.

지금 우리가 마주한 가장 시급한 과제 중 하나는 기후
변화다. 도시는 기후 위기의 주요 원인 중 하나이며, 특히
자동차와 화석 연료를 기반으로 교통은 지구 환경에
막대한 부담을 준다. 간단히 말해, 도시에서 걷기, 자전거
타기, 대중교통 이용이 늘어날수록 기후 상황은 개선된다.
따라서 기후 문제 해결을 위해서라도 보행과 자전거 같은
'부드러운 교통 수단'을 우선시해야 하며, 이것이 바로
우리가 건물 사이의 삶을 더 활성화하고 키워야 하는

중요한 이유다.

근대 도시 계획과 자동차의 확산은, 사람들이 거의 움직이지 않고도 생활할 수 있는 도시를 만들어냈다. 아침부터 저녁까지 집, 직장, 자동차 안에서 앉아 지내는 생활이 가능해진 것이다. 의료계에서는 오래전부터 이를 '좌식 증후군'이라 부르며 심각한 건강 문제로 경고해 왔다. 세계보건기구(WHO) 역시 전 세계 도시 계획에서 사람들이 일상 속에서 더 많이 걷고, 자전거를 탈 수 있도록 유도해야 한다고 권고한다. 하루 30~60분 정도의 가벼운 걷기나 자전거 타기만으로도 수명을 늘리고, 특히 노년기 삶의 질을 크게 높일 수 있다.

1971년 《Life between buildings》 초판이 출간된 이후, 인구 구조에도 큰 변화가 있었다. 가구당 인원수는 꾸준히 줄었고, 도시에서는 절반 가까운 주택이 1인 가구다. 사람을 만나고 싶다면 도시의 공용 공간만큼 좋은 장소가 없다. 인구 구성에서도 중요한 변화가 있었다. 역사상 처음으로 고령층이 상당한 비중을 차지하게 되었으며, 그 비율은 20~25%에 이른다. 이들은 시간적 여유가 많고, 의사로부터 매일 오래 걷는 것이 건강한 삶의 필수 조건이라는 조언을 듣는다. 우리는 나이가 들어서도 독립적이고 건강하며 즐겁게 사는 것이 가능한 도시를 만들어야 한다. 그 핵심 조건은 '건물 사이의 삶'이 활발하게 이루어질 수 있는 도시공간이다.

오늘날에도 '건물 사이의 삶'을 위한 좋은 조건을 마련해야 하는 이유는 충분하다. 지구촌 곳곳에 있는 도시의 공용 공간이 사람들에게 더 넓게, 더 편리하게 열릴수록 도시 생활은 다양한 모습으로 한층 풍부해진다. '건물 사이의 삶'을 위한 배려는 지금도, 앞으로도, 전 세계 어디에서나 필요하다. 이것은 인간의 권리다.

옮긴이의 글

1994년 여름, 나는 덴마크 코펜하겐의 DIS(Denmark
International Study Program)에서 계절학기를 보냈다.
학교에서 기숙사까지의 거리는 약 3km. 버스로 10분이면
닿는 거리였지만, 우리는 모두 걸어 다녔다. 처음엔
길을 익히고 도시를 파악하기 위해 한두 번 걸어보자
했지만, 결국 한 학기 내내 걷게 되었다. 기숙사를 나서면
안전하게 정비된 보행로를 따라, 안데르센의 동화 속에
나올 법한 호수와 백조가 눈에 들어왔다. 걷지 않을
이유가 없었다. 뒤늦게 발견한 보행의 본능에 놀라며,
우리는 매일 아침 즐겁고 상쾌하게 하루를 시작했다.

어느 날, 학교에서 도시건축가 얀 겔 교수의 특강이
열렸다. 우리가 매일 누리던 '걷기의 즐거움'이 바로 그와
그의 팀이 코펜하겐 시와 함께 1962년부터 추진해 온
도시 프로젝트의 결과였음을 그때 알게 되었다. 일조량이
부족한 북유럽의 기후는 옥외 활동에 부적합하다는
초기의 우려와 달리, 오늘날의 코펜하겐은 안전하고
다채로운 활동이 이어지는, 보행자와 자전거의 도시가
되었다.

1997년 10월, 서울에서 나는 얀 겔 교수를 다시
만났다. 친구들과 함께 그의 책 《Life Between
Buildings(Arkitektens Forlag, 1996)》을 번역해 출간했다.

처음 책을 번역했던 이유는 단순했다. 얀 겔과의 우정 때문이었다. 당시의 나는 도시, 건축, 번역, 출판 중 어느 것 하나 전문가라 할 수 없었다. 몰랐기에 용감할 수 있었다. 첫 번역본이 세상에 나왔을 때는 마치 숙제를 끝낸 듯 후련했다. 그런데 설명할 수 없는 아쉬움과 불안이 남았다. "이 책의 영문판을 읽고 도시건축가가 되었다"라는 누군가의 인터뷰를 접할 때마다, 내 뒤통수 어딘가가 화끈거렸다. 그 아쉬움과 불안이 오랜 세월 조용히 내 안에서 숨 쉬고 있다가, 23년 만에 다시 기획된 이번 재출간의 씨앗이 되었다.

또 다른 깨달음도 있었다. 나는 그가 남긴 사유의 궤적 안에서 살고 있었다. 그의 전문분야인 도시와 건축, 나의 전문분야인 실내공간과 가구는 사람, 만남, 관찰, 삶이라는 단어를 통해 끊임없이 연결되고 있었다. 그가 도시와 건축을 통해 사람을 관찰했듯이, 나는 공간과 가구를 통해 사람을 바라보고, 기록하고, 말하고 있었다. 얀 겔의 발자취는 지금도, 그리고 앞으로도 내가 걸어갈 길의 좌표가 되어 준다. 그 깨달음 덕분에 이번 번역이 조금이라도 더 깊어졌기를 바란다.

《건물 사이의 삶》은 2011년 Island Press에서 출간된 영문판을 번역한 것이다. 책의 마지막에는 다른 언어판에서는 한 번도 소개된 적 없는 내용이 추가되었다. 다시 번역하며 여러 번 놀랐다. 초판이 나온 지 반세기가 지났고, 그 사이 디지털 소통의 출현, 기후 위기, 인구 구조의 변화 등 도시를 둘러싼 환경은 크게 바뀌었지만, "한 도시의 질은 얼마나 많은 사람이, 얼마나 오래 그 도시의 옥외 공간에 머무느냐에 달려 있다."라는 얀 겔의 메시지는 여전히 가슴을 두드린다. "건물 사이의 삶을 위한 배려는 지금도, 앞으로도, 전 세계 어디에서나 필요하다. 이것은 인간의 권리다."라는 그의 문장에

밑줄을 그었다.

　이 책은 2003년 첫 번째 번역본에 함께 참여한 이성미, 한민정 선생님의 문장 위에 세워졌다. 두 분의 정성과 참여가 없었다면 첫 번역본 출간은 불가능했다. 깊이 감사드린다. 최선을 다했지만, 도시건축 전문가나 번역가의 눈에는 여전히 부족한 점이 보일 것이다. 따뜻한 조언과 충고를 기다린다.

　마지막으로, 쉽지 않은 여정 끝에 이 책이 세상에 나올 수 있도록 함께해준 파람북 출판사의 정해종 대표님과 현종희 팀장님께 깊이 감사드린다. 얀 겔의 메시지와 이 책의 가치를 알고 있어 작업 내내 든든했던 박준기 디자이너의 열정은 큰 버팀목이었다. 재출간을 진심으로 기뻐하며 응원해 준 얀 겔 교수님과 조성룡 교수님, 언제나 곁에서 힘이 되어주는 가족과 친구들, 그리고 지금 이 책을 펼쳐준 당신에게도 감사의 인사를 전한다.

참고문헌

1. Abildgaard, Jørgen, and Jan Gehl. "Bystøj og byaktiviteter" (Noise and Urban Activities). *Arkitekten* (Danish) 80, no. 18. (1978): 418-28.
2. Asplund, Gunnar, et al. *Acceptera*. Stockholm: Tiden, 1931.
3. Alexander, Christopher, Sara Ishikawa, and Murray Silverstein. *A Pattem Language*. New York: Oxford Univeristy Press, 1977
4. Appleyard, D., and Lintell, M. "The Environmental Quality of City Streets." *Journal of the American Institute of Planners*, JAIP, vol. 38, no. 2. (March 1972): 84-101.
5. Bosselmann, Peter, et al. *Sun, Wind, and Comfort: A Study of Open Spaces and Sidewalks in Four Downtown Areas*. Berkeley: University of California Press, 1984.
6. *Bostadens Grannskab*. Statens Planverk, report 24. Stockholm, 1972.
7. "Byker." *Architectural Review* 1080 (December 1981): 334-43.
8. Collymore, Peter. *The Architecture of Ralph Erskine*. London: Granada, 1982.
9. *Crime Prevention Considerations in Local Planning*. Copenhagen: Danish Crime Prevention Council, 1984.
10. Cullen, Gordon. *Townscape*. London: The Architectural Press, 1961.
11. "De Drontener Agora." *Architectural Design* 7 (1969): 358-62.
12. "Galgebakken." *Architects' Journal*, vol. 161, no. 14 (April 2, 1975): 722-23.
13. "Gårdsåkra." (Nya Esle, Esløv). *Arkitektur* (Swedish), vol. 83, no. 7 (1983): 20-23.
14. Gehl, Ingrid. *Bo-miljø* (Living Environment-Psychological Aspects of Housing). | Danish Building Research Institute, report 71. Copenhagen: Teknisk Forlag, 1971.
15. Gehl, Jan. *Attraktioner på Strøget*. Kunstakademiets Arkitektskole. Studyreport. Copenhagen, 1969.
16. Gehl, Jan. "From Downfall to Renaissance of the Life in Public Spaces." *In Fourth Annual Pedestrian Conference Proceedings*. Washington, D.C.: U.S. Government Printing Office, 1984, 219-27.
17. Gehl, Jan. "Mennesker og trafik i Helsingør" (Pedestrians and Vehicular Traffic in Elsinore). *Byplan* 21, no. 122 (1969): 132-33.
18. Gehl, Jan. "Mennesker til fods" (Pedestrians). *Arkitekten* (Danish) 70, no. 20 (1968): 429-46.
19. Gehl, Jan. "Soft Edges in Residential Streets." *Scandinavian Housing and Planning Research* 3, no. 2, May 1986: 89-102.
20. Gehl, Jan. "The Residential Street Environment." *Built Environment* 6, no. 1 (1980): 51-61.
21. Gehl, Jan, et al. *The Interface Between Public and Private Territories in Residential Areas*. A study by students of architecture at Melbourne University. Melbourne, Australia, 1977.
22. Goffman, Erving. *Behavior in Public Places: Notes on the Social*

Organization of Gatherings. New York: The Free Press, 1963.

23. Hall, Edward T. *The Hidden Dimension.* New York: Doubleday, 1966.

24. Jacobs, Jane. *The Death and Life of Great American Cities.* New York: Random House, 1961.

25. Jonge, Derk de. "Applied Hodology." *Landscape* 17, no. 2 (1967-68): 10-11.

26. Jonge, Derk de. *Seating Preferences in Restaurants and Cafés.* Delft, 1963.

27. Kao, Louise. "Hvor sidder man pa Kongens Nytory?" (Sitting Preferences on Kongens Nytorv). *Arkitekten* (Danish) 70, no. 20 (1968): 445.

28. Kjærsdam, Finn. *Haveboligområdets fællesareal.* Parts 1 and 2. Part 1 published by: Den kongelige Veterinær og Landbohøjskole, Copenhagen, 1974. Part 2 by: Aalborg Universitetscenter, ISP, Aalborg, 1976.

29. Krier, Leon. "Houses, Palaces, Cities." Architectural Design Profile 54, *Architectural Design* 7/8 (1984).

30. Krier, Leon. "The Reconstruction of the European City." RIBA *Transactions* 2 (1982): 36-44.

31. Krier, Leon, et al. *Rational Architecture.* New York: Wittenbom, 1978.

32. Krier, Rob. *Urban Space.* New York: Rizzoli International, 1979.

33. Krier, Rob. "Elements of Architecture." *Architectural Design* Profile 49, Architectural Design 9/10 (1983).

34. Krier, Rob. *Urban Projects 1968-1982.* IAUS, Catalogue 5. New York: Institute for Architecture and Urban Studies, 1982

35. Le Corbusier. *Concerning Town Planning.* New Haven: Yale University Press, 1948.

36. Lyle, John. "Tivoli Gardens." *Landscape* (Spring/Summer 1969): 5-22.

37. Lynch, Kevin. *Site Planning.* Cambridge, Mass.: MIT Press, 1962.

38. Lövemark, Oluf. "Med hänsyn til gångtrafik" (Concerning Pedestrian Traffic). *PLAN* (Swedish) 23, no. 2 (1968): 80-85.

39. Morville, Jeanne. *Planlægning af børns udemiljø i etageboligområder* (Planning for Children in Multistory Housing Areas). Danish Building Research Institute, report 11. Copenhagen: Teknisk Forlag, 1969.

40. Newman, Oscar. *Defensible Space.* New York: Macmillan, 1973.

41. *Planning Public Spaces Handbook.* New York: Project for Public Spaces, Inc., 1976.

42. Pressman, Norman, ed. *Reshaping Winter Cities.* Waterloo, Ontario: University of Waterloo Press, 1985.

43. "Ralph Erskine." Mats Egelius, ed. 2, Architectural Design Profile 9, *Architectural Design* 11/12 (1977).

44. Rosenfelt, Inger Skjervold. *Klima og boligområder* (Climate and Urban Design). Norwegian Institute for City and Regional Planning Research, Report 22. Oslo, 1972.

45. Sitte, Camillo. *City Planning According to Artistic Principles.* New York: Random House, 1965.

46. "Skarpnäck." *Arkitektur* (Swedish) 4 (1985): 10-15.

47. "Solbjerg Have." *Architectural Review* 1031 January 1983): 54-57.

48. "Sættedammen." *Architects' Journal*, vol. 161, no. 14 (April 2, 1975): 722-23.

49. "Tinggården." *International Asbestos Cement Review*, AC no. 95 (vol. 24, no. 3, 1975): 7-50.

50. "Trudeslund." *Architectural Review* 1031 (January 1983): 50-53.

51. Whyte, William H. *The Social Life of Small Urban Spaces.* Washington D.C.: Conservation Foundation, 1980.

그림 및 사진 출처

사진

- Aerodan (100쪽 아래, 121쪽 위, 122쪽)
- Jan van Beusekom (166쪽 아래)
- Foto C (71쪽 위)
- Lars Gemzøe (16쪽 아래, 28쪽 위, 37쪽, 50쪽 아래, 86쪽 오른쪽, 144쪽 위, 167쪽, 181쪽 오른쪽, 207쪽, 218쪽 가운데 및 아래)
- Sarah Gunn (150쪽 위)
- Lars Gøtze (58쪽 아래)
- 기타 사진가들 (30쪽 가운데, 49쪽 아래, 100쪽 가운데, 103쪽 오른쪽, 105쪽 위, 133쪽, 144쪽 아래, 157쪽 아래, 168쪽 가운데, 206쪽, 228쪽 아래)
- Jan Gehl: All other photos.

그림 및 도표

- D. Appleyard and M. Lintell (44쪽)
- Le Corbusier (54쪽 위)
- Christoffer Millard (50쪽 위)
- Oscar Newman (74쪽, 76쪽 위)
- Project for Public Spaces (43쪽)
- Inger Skjervold Rosenfeldt (210쪽 위)

건물 사이의 삶 (Life Between Buildings)

초판 1쇄 인쇄	2026년 1월 28일
초판 1쇄 발행	2026년 2월 19일

지은이	얀 겔
옮긴이	김진우
펴낸이	정해종

펴낸곳	(주)파람북
출판등록	2018년 4월 30일 제2018-000126호
주소	경기도 파주시 회동길 480 아트팩토리엔제이에프 B동 222호
전자우편	info@parambook.co.kr
인스타그램	@param.book
페이스북	www.facebook.com/parambook/
대표전화	031-935-4049

디자인	studio abb

ISBN	979-11-7274-076-4(93540)